《珠宝鉴定与市场交易》系列丛书

翡翠大讲堂

翡翠的鉴定、评价与选购

胡楚雁 编著

中国地质大学出版社
ZHONGGUO DIZHI DAXUE CHUBANSHE

序

翡翠，在中国虽然已经是家喻户晓，但真正懂得和了解翡翠的其实为数不多。作为泱泱玉石大国，了解玉石、宣传玉石文化成为珠宝教育工作者的重要责任。《翡翠大讲堂：翡翠的鉴定、评价与选购》一书从珠宝教育工作者的角度对翡翠的基本知识、鉴别与评价、玉石文化和市场选购等方面进行一一解读。全书紧扣翡翠市场实际，并没有运用太多的专业词汇，而是采用了市场上比较流行的行业俗语作为文字载体，既有对翡翠行业俗语的正确诠释，也有对翡翠特征的科学理解；既能反映翡翠市场通俗一面，也不失理论科学分析的高度。全书图文并茂，深入浅出，通俗易懂，切合实际；即使是一位翡翠的门外汉，也会被深深吸引，在翡翠的神秘王国里尽情遨游，去探索翡翠种类的奥秘，领略翡翠文化的魅力，感悟翡翠价值的真谛。

全书的特色在于：

（1）对翡翠特征及种类结合行业俗语进行了全面的科学解释；

（2）建立了一套比较适合市场运用的翡翠质量价值评估体系；

（3）对翡翠及其仿制品的直观真假鉴别进行了细致的经验性总结；

（4）对翡翠玉石文化进行了全面系统的概括归纳；

（5）制定了一套详细适用的翡翠选购原则。

作者胡楚雁作为我先生陈钟惠教授的博士研究生，在就读博士期间就选择了翡翠作为博士毕业论文的研究方向，首次提出了翡翠存在次生绿色的概念，这在翡翠赌石判别、成品鉴别与评价等方面都有着重要的理论价值和现实意义。难能可贵的是，作者在二十余年的时间里，几乎把全部精力都投入到了对翡翠理论与市场的研究及教育宣传之中，经常深入市场进行调研考察，收集一手资料。他不仅在《中国宝玉石》举办的"胡博士信箱"翡翠知识宣传专栏，发表近百余篇翡翠相关文章，还组织了几十期的翡翠专业培训，培养出大批的翡翠经营者，真正成为了翡翠玉石文化的研究者、探索者、推广者和传播者。也正是有这样长期不懈的坚持、充分的资料收集、详细的理论研究和敏锐的市场洞察能力，为作者完成本书稿奠定了非常厚实的基础！全书展现了作者对翡翠的理解与认知，也体现出作者对翡翠的热爱与执着，更是作者从事翡翠研究和教育工作的经验总结与智慧结晶。

看完《翡翠大讲堂：翡翠的鉴定、评价与选购》一书，顿然感觉对翡翠的认知豁然开朗了，也让人更加迷恋上了翡翠！在此推荐大家仔细阅读，细心品味。作为长期从事珠宝教育的工作者，希望有更多这样的书籍出版问世。也希望更多学者真心为读者着想，真诚为读者服务，成为珠宝玉石文化知识教育与推广的引领者和传播者，为弘扬和发展我国博大精深的玉石文化做出更大的贡献！

中国地质大学（武汉）珠宝学院原院长、教授

2020年10月1日于北京

前言

翡翠，产出千姿百态，颜色千变万化，类型千种万种，真假层出不穷，文化博大精深！它似乎蕴含着一种魔力，让人一旦接触就难以割舍，无法释怀！也许就是这样的魔力，让笔者与它打了近三十年的交道！

笔者作为云南人，长期接受玉文化熏陶，一直对翡翠的神秘充满好奇，有幸在大学和研究生期间学习到了地质专业知识，博士期间又以翡翠作为研究方向，让自己真正踏入了翡翠这一领域，且一发不可收拾，逐渐把翡翠做成了自己一生的爱好、一生的追求和一生的探索目标。回顾走过的历程，阅历了无数的赌石毛料、看过了无数的翡翠货品、经历了无数的真真假假、体验了无数的人生百味、倾听了无数的翡翠传奇，可谓虚虚实实、迷离扑朔！翡翠就是这样，看上去是一块不起眼的石头，却会让人着迷，让人疯狂！其中的谜团没人可以完全看透，没人可以完全解开！而翡翠似乎就是个谜，在民间流传着许多传奇的故事，汇成了精彩的翡翠世界，谱写出充满神秘色彩的翡翠人生。

《翡翠大讲堂：翡翠的鉴定、评价与选购》是笔者在近三十年的时间里对翡翠考察、研究、教学和培训过程中的经验总结。内容涉及翡翠的基本知识，行业俗语、颜色、质地、瑕疵和种的类型划分，价值评估体系的建立，翡翠真假的鉴别，其他玉石种类及翡翠仿制品的鉴别，翡翠玉石文化和翡翠的市场选购等方面内容。内容表述以贴近实际市场为出发点，在分析描述上坚持以理论的科学性与市场行业俗语相结合，从行业的角度利用俗语来描述翡翠，通过理论分析与实际运用相融合，发挥科学研究的深度和实际运用的广度，力求做到通俗易懂、简单明了、贴近实际、方便运用。

翡翠与中国传统玉石文化相融合产生的聚变效应，让博大精深的中华玉石文化得到了极大的升华，使翡翠成为了传承与发展中华玉石文化的最杰出代表之一。相信在翡翠界各位同仁的共同努力下，翡翠作为中华玉石界的一颗明珠，将会绽放出更加璀璨的光芒。

2020年9月

目 录

第一讲 **翡翠的宝石学基础**
01
一、翡翠概述··002
二、翡翠的宝玉石基础··003

第二讲 **翡翠的物质组成**
02
一、翡翠的矿物组成··019
二、翡翠的定义与命名原则·································033

第三讲 **翡翠行业俗语与评价**
03
一、翡翠的行业俗语··036
二、翡翠的颜色··037
三、质　地···058
四、翡翠质量价值评估体系的建立·····················064
五、水··066
六、瑕疵：棉、绺、裂、脏点、癣······················068
七、种··080

第四讲 翡翠的鉴别

一、翡翠 A、B、C 货和 B+C 货的划分 ……… 094
二、A 货翡翠的特征 ……………………… 095
三、B 货、C 货与 B+C 货翡翠特征 …………… 097
四、翡翠鉴定技巧 ………………………… 105
五、市场典型人工处理翡翠的鉴别…………… 128

第五讲 市场常见其他玉石种类及仿翡翠制品

一、钠长石玉……………………………… 142
二、软　玉………………………………… 145
三、二氧化硅家族类玉石…………………… 154
四、蛇纹石玉（岫玉）……………………… 169
五、独山玉………………………………… 172
六、大理石玉……………………………… 173
七、水钙铝榴石…………………………… 176
八、钙铝榴石……………………………… 177
九、玻　璃………………………………… 177

第六讲 翡翠的仪器鉴定

一、晶体的描述与对称组合类型划分………… 186
二、翡翠仪器鉴别………………………… 191

第七讲 翡翠玉石文化

一、玉文化的起源与古代玉的内涵……………… 211

二、玉石文化的表现形式……………………… 217

第八讲 翡翠的选购

一、看颜色………………………………… 268

二、看质地………………………………… 276

三、看瑕疵………………………………… 277

四、看文化性表现…………………………… 280

五、看工艺………………………………… 281

六、看款式………………………………… 287

七、看尺寸大小、规格………………………… 291

八、看价格………………………………… 294

主要参考文献……………………………… 296

致　谢…………………………………… 298

附录A　常见宝石种类及鉴定特征…………… 299

附录B　常见玉石种类及鉴定特征…………… 302

第一讲

翡翠的宝石学基础

一、翡翠概述

翡翠以其优良的物理、化学性质和丰富的玉石文化内涵,成为传统和时尚玉石文化的最佳代表,深受亚洲人尤其是华人的青睐。近十几年来,翡翠价格一直在成倍增长,十年前一万元的翡翠手镯,目前已经是十几万元甚至几十万元了!可以说,翡翠已经成为最具文化艺术价值和投资收藏价值的珠宝玉石艺术品之一,被誉为"玉石之王"。

"翡翠"一词是如何来的呢?相传"翡翠"最早是用来指红色与绿色两种羽毛的鸟,称之为"翡鸟"和"翠鸟",其中"翠鸟"俗称"打鱼郎",在现在的泉、溪、江、湖间仍可以看到。将"翡翠"用来指玉石,实际上是一种色彩学的借代,"红翡翠绿"将红色指翡色,绿色指翠色(图1-1)。其实,翡翠颜色远远不止绿色和红色,还有白色、紫色、黑色和其他组合颜色等。在整个玉石种类中,翡翠的颜色是最丰富、变化最多的,这也造就了翡翠丰富的色彩文化内涵。

迄今为止,世界范围的翡翠的产地主要有缅甸、俄罗斯、美国(加利福尼亚

图1-1 红翡翠绿

州)、危地马拉和日本等。其中以产于缅甸的翡翠质量最好，也是市场上最主要的翡翠品种。

缅甸翡翠主要产于缅甸北部密支那地区雾露河流域（Uru River）的帕敢（Hpakan）一带。一般认为，缅甸发现与使用翡翠迄今已有 300～500 年的历史。相传，翡翠是由腾冲一带的马帮发现的：当时，由腾冲到缅甸和印度的通道是我国西南一条重要的丝绸之路，马帮经过一个原始山谷时，由于马背左右货品的轻重不均，马夫就在河谷里随手捡了一块鹅卵石放到轻的背箩里，以保持两边的平衡。回到家后，遂将这块鹅卵石丢弃到马圈旁；随着马的出出进进，鹅卵石上的皮层也被马蹄踩破了，露出了绿色，马夫随即将它捡起并擦去皮层，一块美丽的翠石赫然呈现在眼前，由此发现了翡翠！那时腾冲当地人多姓段，翡翠也被称为"段家玉"，使得至今在腾冲仍然有将品质较好的翡翠称为"段家玉"的说法。

过去，翡翠也称为"云南玉"，所谓"玉出云南，翠满滇乡"。如今所说的"玉出云南"并非指翡翠产出于云南，而是指云南玉石商人将缅甸的翡翠玉石毛料购买到腾冲等地，通过精细设计的智慧赋予它丰富的中华玉石文化内涵，并经过雕刻加工成为精美的翡翠玉石成品，再销往全国各地。这也使人们形成了"去云南必购玉"的传统习惯，极大地促进了云南翡翠玉石产业的蓬勃发展。

二、翡翠的宝玉石基础

（一）晶体与非晶质体

世界上所有的固态无机物质可以划分为两类：晶体和非晶质体。翡翠是一种多晶矿物集合体，了解翡翠，首先得从晶体与非晶质体说起。

1. 晶体

晶体是具有内部格子构造的固体。内部格子构造是指晶体的内部质点（原子、离子或分子）做有规律地重复排列，并构成一定的几何图形。晶体如果在足够的空间中生长，可形成一定规则几何外形。不同成分的晶体，由于内部格子构造和结晶习性的不同，会形成不同的晶体形态（图1-2）。

晶体可细分为天然晶体和人工晶体。

天然晶体：自然界由地质作用形成、具有一定化学成分和晶体结构的单质或化合物，也称为矿物（图1-3）。其中单质是指由一种元素组成的晶体；化合物是由两种或两种以上元素组成的晶体。

图1-2

六方柱和菱面体锥晶形的水晶与八面体晶形的萤石晶体

人工晶体：由人工制造出来的晶体，又分为合成晶体和人造晶体。

（1）合成晶体：具有天然对应物的人工晶体，是人类模仿自然界矿物的形成条件，在人工环境中制造出与天然晶体物理和化学性质一致或相近的晶体。如合成红宝石、合成蓝宝石、合成尖晶石、合成水晶和合成钻石等（图1-4）。

图1-3　八面体晶形尖晶石矿物

图1-4 合成黄水晶

（2）人造晶体：不具有天然对应物的人工晶体，完全是在人工状态下制造出来的、自然界不存在的人工晶体。如人造钇铝榴石（YAG）和人造钆镓榴石（GGG）等。

2. 非晶质体

非晶质体是内部质点不具有格子构造、呈无序状态分布、无固定外形的固体物质。如胶状体、有机质和玻璃等（图1-5）。

图1-5　玻璃

(二)单晶体与多晶体

单晶体:由单个矿物晶体组成的物质。绝大多数宝石都属于单晶体,如红宝石、蓝宝石、祖母绿、水晶、碧玺、黄玉等(图 1-6)。

单晶体宝石具有脆性,受外力敲打、撞击作用时,很容易产生碎裂,并向内延伸。因此,单晶体的宝石,在加工工艺上以研磨为主,磨出一个个规则的平面,形成以规则几何外形为特征的刻面型款式,如圆钻型、水滴型、祖母绿型和椭圆型等,这样在加工时才能保障不会碎裂,同时使宝石的光泽、亮度、颜色和火彩充分显视出来(图 1-7)。

图 1-6 单晶体黄玉

图 1-7 不同宝石的琢型

多晶体:由一种或多种矿物组成的集合体。自然界中的岩石就属于多晶体,其中包括了沉积岩、岩浆岩和变质岩。玉石是岩石的一部分,也属于多晶体。翡翠是以硬玉、绿辉石和钠铬辉石为主要成分的多晶矿物集合体,属于变质岩一类(图 1-8)。

图 1-8 翡翠毛料,主要由硬玉等矿物集合体组成

玉石显韧性，在加工雕刻时即使表层的矿物发生碎裂，也不会影响到内部的矿物，因而有"玉不琢不成器"之说，这使得玉石可以进行随意性的雕琢，加工成不同的图案，具有比较直观的文化寓意（图1-9）。

图1-9

翡翠四季豆，也称为"福豆"，即福禄寿（由伊贝紫珠宝提供）

宝石单晶体的脆性和玉石多晶体的韧性在本质上决定了宝石文化与玉石文化的根本差异。作为单晶体的宝石，加工以刻面型为主，形成规则的几何形态，在图案上不可能直观地反映出文化寓意来，需要对宝石进行首饰设计和镶嵌加工等形成首饰成品以后，才能把宝石的文化内涵体现出来。因此，宝石的文化往往是后加的文化，营销中需要进行宣传和推广；而玉石的造型随雕刻师设计和想法的不同而不同，随心所欲，外观形象可以直观地反映出雕刻师的创作意图和文化题材，玉石的文化属于先置性文化，以观玉、赏玉、品玉为主，强调欣赏、自我品味，喜欢便是宝，所谓"以玉结缘、以玉交友"，营销中强调的是与玉石的缘分。

（三）宝玉石的物理性质

1. 颜色

宝玉石最能吸引人的地方之一就是它拥有多姿多彩的颜色。从理论上讲，宝玉石的颜色是由组成宝玉石的矿物中所含成分对可见光线的选择性吸收所产生的。众所周知，自然白光是由红、橙、黄、绿、青、蓝、紫七色光波混合组成，当白光照射到某一物体上时，物体会对白光的七色光波产生选择性的吸收，并反射出与其互补的颜色；不同的物质由于成分和结构的不同，对光波的吸收特征也不同，反射也不一样，从而出现了不同的颜色。

根据颜色的成因，大体可以将宝玉石的颜色分为自色、他色和假色三类。

（1）自色：由组成矿物的主要化学元素引起。如孔雀石的铜绿色是由所含主要成分铜离子（Cu^{2+}）引起的；橄榄石橄榄绿是由其中的主要成分亚铁离子

（Fe^{2+}）致色的；翡翠品种之一的"铁龙生"主要是由钠铬辉石集合体构成，"铁龙生"的绿色也是由钠铬辉石中所含的铬离子（Cr^{3+}）产生的（图1-10）；另外，翡翠品种中墨翠、油青和蓝水等的暗绿色、灰绿色和蓝绿色主要由绿辉石集合体所致，其深绿色颜色也是由其中的亚铁离子（Fe^{2+}）产生（图1-11）。

图1-10 由钠铬辉石组成的"铁龙生"

图1-11 绿辉石组成的墨翠

自色是由组成矿物的主要成分的颜色属性引起的，一般颜色相对固定，且整体分布均匀，不会有太多变化。

（2）他色：由组成宝玉石矿物化学成分中的微量元素导致的颜色。

他色的成因主要是矿物的主要化学成分与一些微量元素由于性质相似而产生相互替代所致，称为类质同象替代。类质同象替代会使矿物颜色发生一定的改变，但结构不变。在宝石中，红宝石、蓝宝石、祖母绿、海蓝宝石、尖晶石和碧玺等的颜色都是属于类质同象替代引起的他色。如红宝石和蓝宝石都是由刚玉（Al_2O_3）组成的，较纯的刚玉是无色或白色的，但由于Al^{3+}会与Cr^{3+}、Fe^{2+}和Ti^{4+}产生类质同象替代，从而显示不同的颜色：当少量的Cr_2O_3替代了Al_2O_3时，就会产生红色，即为红宝石；当少量的Al_2O_3被部分FeO和TiO_2替代，将会产生蓝色，即为蓝宝石（图1-12）。

图 1-12

不同颜色的刚玉（蓝宝石）

组成翡翠的主要矿物是硬玉，纯的硬玉矿物为白色，当其中有 0.1%～1% 的 Al^{3+} 被 Cr^{3+} 替代后，将会显示出绿色，绿色的深浅和浓淡将取决于 Al^{3+} 被 Cr^{3+} 替代的多少。

他色是由组成宝玉石矿物的微量元素引起的，其中微量元素含量的多少和种类的不同都会导致颜色在色调和浓淡上产生变化，使颜色具有多变性和不均匀性，这是与自色不同的地方。这也是翡翠的翠绿色为什么会出现不同色调、深浅不一和不均匀的主要原因（图 1-13）。

图 1-13

翡翠组成的硬玉矿物由于铬（Cr）含量不同，导致绿色深浅不同（传福珠宝提供）

（3）假色：由组成宝玉石的矿物本身所含的杂质成分或外来混入物引起，或者由矿物的某些物理性质产生的颜色。包括由组成矿物中所含杂质包裹体或杂质成分浸染产生的颜色及所组成矿物由于对光线产生干涉或衍射效应而产生的颜色，如月光石的蓝色晕彩月光效应（图1-14）和拉长石的变彩效应（图1-15）。

图1-14　月光石晕彩效应

图1-15　拉长石变彩效应

同时，假色也包括外来物质浸染渗透导致的颜色，如翡翠由于表生的氧化铁质浸染而产生的翡色（图1-16），由还原性黏土质物质渗透导致翡翠砾石表层产生的次生绿色（图1-17），以及翡翠及其他玉石由于人工染色导致的颜色等（图1-18）。

图1-16　翡翠毛料表层由于氧化铁质渗透产生的翡色

图1-17　翡翠毛料表层由于黏土质物质沿表层裂隙渗透产生的次生绿色

图1-18　B+C货人工染色翡翠手镯

假色由于不是宝玉石矿物本身所产生的颜色，是外来物质的渗透所致，往往颜色主要是分布于组成宝玉石的矿物颗粒裂隙或孔隙之中，呈网状分布，而且受外来物质分布的影响，往往出现不均匀性。

2. 透明度

透明度是指宝玉石能够透过自然光线的程度。可以分为透明、半透明和不透明三类。

（1）透明宝玉石：光线可以直接透出、并可以看到背后图像的称为透明的宝石或玉石。

大部分的常见宝石都是透明的，如钻石、红宝石、蓝宝石、祖母绿、黄玉、碧玺、水晶等（图1-19）；在玉石中透明的不多，翡翠中主要是玻璃地和蛋清地显得比较透明（图1-20）。

图 1-19　透明的紫黄晶

图 1-20

透明的玻璃种翡翠（伊贝紫珠宝提供）

（2）半透明宝玉石：不能看到背后图像，但可以透出部分光线的宝玉石。

宝石中含有包裹体，会导致透明度下降，成为半透明宝石，如一些具有猫眼效应或星光效应的金绿宝石、红宝石或蓝宝石等，内部就含有大量定向分布的矿物包裹体；大部分的玉石都是半透明的，如白玉、岫玉、独山玉、寿山石（包含

图 1-21　星光红宝石

田黄石）和翡翠等，半透明的性质更加体现了玉石温润的一面。以糯种翡翠为特例，似透非透，质地显得细腻温润（图1-22）。

（3）不透明宝玉石：光线无法透出的宝玉石。

如宝石中的乌钢石、黑碧玺和黑色钻石等；玉石中主要是矿物集合体结构比较紧密、相对松散、质地比较粗的种类，如翡翠中的干青种类（图1-23）。

宝石的透明度与宝石本身性质和其中所含内部包裹体、絮状物和裂隙等杂质含量多少有关，杂质含量少则比较透明，杂质含量多则显示半透明或不透明。玉石的透明度则主要与所含矿物的结晶颗粒大小和结合紧密程度有关，即与其质地关系密切，质地细腻、结构紧密的玉石透明度好，质地较粗、结构松散的玉石透明度差。

图1-22 半透明糯种翡翠挂件，体现了玉石的圆润特征

图1-23 不透明的干青翡翠

3. 光泽

光泽指宝玉石抛光平面的反光能力。大致可以分为金属光泽、金刚光泽、玻璃光泽、油脂光泽、蜡状光泽、丝绢光泽、珍珠光泽、树脂光泽和土状光泽等。

（1）金属光泽：表面反光较强，但不透明。如黄金、白银、铂金、黄铁矿等矿物的光泽（图1-24）。

（2）金刚光泽：表面反光较强，且有透明感。如钻石、石榴石、锆石、合成碳化硅、合成立方氧化锆等宝石（图1-25）。

图1-24 黄铁矿的金属光泽

图1-25 金刚石的金刚光泽

（3）玻璃光泽：表面明亮，有镜面反光，反光点的明暗界线分明，清晰，透明—半透明。大部分宝石都具有玻璃光泽，如红宝石、蓝宝石、水晶、碧玺、黄玉和橄榄石等；玉石中翡翠和石英岩玉为玻璃光泽（图1-26）。

（4）油脂光泽：表面反光弱，无镜面反光，反光点的明暗界线不清晰，为逐渐过渡，显油性，半透明。主要出现在玉石中或一些宝石的断面上，如软玉、岫玉的光泽和水晶（或石英岩玉）的断面（图1-27）。

（5）蜡状光泽：表面反光较油脂光泽要弱，反光柔和，明暗界线不清，呈逐渐过渡，半透明。主要出现在一些硬度比较软、用于做图章石或摆设雕件的玉石之中，包括寿山石、田黄石、青田石、鸡血石等（图1-28）。

图1-26 翡翠的玻璃光泽（传福珠宝提供）

图1-27 和田玉的油脂光泽

图1-28 田黄石蜡状光泽

（6）丝绢光泽：出现丝条状游光，随着照射光线的移动，丝条状游光也随之移动。主要表现在具有纤维状集合体或包裹体的宝玉石中，如查罗石（紫龙晶）和木变石（图1-29）等。

图1-29 木变石的丝绢光泽

（7）珍珠光泽：反光柔和，出现五颜六色晕彩的光泽。主要出现在珍珠、贝壳之类的有机宝石中（图1-30）。

（8）树脂光泽：反光明亮但较玻璃光泽弱，明暗界线模糊，不显油性，主要出现在塑料和有机宝石的琥珀与蜜蜡

图1-30 贝壳具有晕彩效应的珍珠光泽

之中，由于硬度低，反光明暗界线往往出现锯齿状波痕（图1-31）。

（9）土状光泽：表面黯淡无光，无反射。出现于粉末状、土状矿物集合体和玉石中，如绿松石、青金石等（图1-32）。

光泽体现了宝玉石的明亮程度，不同宝玉石都存在光泽上的差异，作为珠宝玉石从业人员和爱好者，首先需要具备敏锐的眼力，来判断各类宝玉石的光泽强弱特征。如在翡翠的成品中，A货翡翠光泽明亮，反光点比较集中、明锐；B货或B+C货处理翡翠反光点发散，不够明锐，光泽略显弱一些（图1-33）。

图1-31　琥珀的树脂光泽

图1-32　青金石的土状光泽光泽

图1-33　A货翡翠（左）与B货翡翠（右）的不同光泽

4. 发光性

发光性指宝玉石在外界光源（包括可见光、紫外光、X射线、γ射线等）作用下，会发出可见光的性质。具有荧光和磷光两类。

（1）荧光：宝玉石矿物在外界光源（如紫外光、X射线、阴极射线等）的连续照射下，具有发出可见光的性质（图1-34），荧光往往是整体发光。不同宝玉石的荧光强度和荧光颜色特征各有不同，即使相同的宝玉石，所含微量元素成分或颜色的不同，荧光特征表现也会不同；天然宝玉石、人工合成宝石、优化处理宝玉石的荧光特征也各不相同，如钻石所含微量元素不同，会具有不同强度和颜色的荧光；天然翡翠一般不具有荧光，但处理的 B 货或 B+C 货翡翠由于有机胶的充填，会具有明显的荧光（图 1-35）。

图 1-34

不同矿物的荧光

图 1-35

紫外灯光下 B 货和 B+C 货翡翠发出的荧光

（2）磷光：宝玉石矿物在接受外界光源作用（照射）停止以后，能持续一段时间发出可见光的性质。如部分萤石由于含有少量稀土元素成分，在暗室里会自然发出亮光，市场上将它称为"夜明珠"，其实只是一种自然现象。

5. 解理

解理是晶体在外力作用（如敲打、挤压）下严格沿着一定结晶方向破裂，形成光滑平面的性质。

解理的等级划分如下。

（1）极完全解理：外力作用下极易形成光滑的解理面，犹若书页一般可以轻易剥开，如一些片状矿物云母、石墨等（图 1-36）。

（2）完全解理：外力作用下可形成光滑的解理平面，如冰州石（方解石）三个方向完全解理可剥离形成规则的菱面体（图 1-37）、萤石具有八面体完全解理、黄玉的一组底面解理等。

（3）中等解理：外力作用下解理面不太平滑，但形成一个个阶梯状小平面，如堇青石、硬玉、祖母绿、海蓝宝石和月光石（图 1-38）等。

（4）不完全解理：外力作用下解理面不平整，如磷灰石。

图 1-36
云母的极完全解理

图 1-37
冰洲石的菱面体三方向完全解理

图 1-38
月光石的中等解理

解理是单晶体矿物的固有性质，宝石的解理与宝石晶体自身的性质有关，有的宝石晶体会出现解理，但有的并不会出现。如黄玉会出现垂直柱状晶体底面的一组解理，在底面形成光滑平面；月光石会出现两组近于垂直的解理；水晶和碧玺则不会出现解理，断面上出现的是弧形贝壳状断口。

玉石是由多个矿物集合体构成的，在所组成的矿物中，可能会具有解理的性质，这将在玉石的表面有所表现。组成翡翠的硬玉矿物本身就具有两组近于垂直的完全～中等解理，由于翡翠是由硬玉矿物集合体组成的，其中每个硬玉矿物颗粒的取向和大小各有不同，出现解理面的方向和大小也不一致，导致在翡翠粗糙的表面上，通过光线照射并转动翡翠时，其中的硬玉矿物解理面会像一面面的小镜子，发出大小不等、形状各异的一个个小面状闪光（图 1-39），该现象犹如苍蝇翅膀在阳光下的反光一样，在翡翠行业内被称为"苍蝇翅"，也称为翡翠的"翠性"特征，这是鉴别翡翠毛料真假的一个重要特征。

图 1-39
翡翠中硬玉矿物解理面反光体现的"苍蝇翅"特征

6 断口

断口指宝玉石在受外力作用下，沿任意方向呈不规则面裂开的现象。

（1）贝壳状断口：在外力作用下，破裂形成光滑但不规则的平面，且有同心纹路，类似于贝壳形状一般。在无解理或非解理方向的宝石断面上，往往会出现贝壳状断口，常见有水晶、碧玺、欧泊、琥珀和人工玻璃等（图1-40）；玉石中主要有玛瑙、蛋白石也会出现贝壳状断口（图1-41、图1-42）。

图 1-40

玻璃的贝壳状断口

图 1-41

南红玛瑙的贝壳状断口

图 1-42

蛋白石的贝壳状断口

（2）参差状断口：断口参差不齐，粗糙不平，大部分的玉石为参差状断面（图1-43）。

在玉石毛料的判别中，自然断面特征的判断也是一个重要依据。玉石是多晶集合体，翡翠、白玉、岫玉、石英岩玉等的断面主要呈不规则参差状面，但玛瑙、玻璃等表现为贝壳状断面。

图 1-43　翡翠子的参差状断面

7. 硬度

硬度指宝玉石抵抗某种外来机械作用力入侵的能力，包括刻划、压入和研磨硬度。在宝玉石中主要运用的是刻划硬度，这是1822年由矿物学家摩氏（Friedrich Mohs）提出的，以10种常见矿物的相对硬度划分出10个矿物硬度相对等级，也称为"摩氏硬度"。

等级	1	2	3	4	5	6	7	8	9	10
矿物	滑石	石膏	方解石	萤石	磷灰石	长石	石英	黄玉	刚玉	金刚石

注意：摩氏硬度只是相对的硬度级别，相同级别之间硬度并非等同增减。一般来说，人的指甲硬度为2.5，铜针为3，钢针为5.5，玻璃为5～5.5。摩氏硬度在6以下的宝玉石，在抛光面上往往容易出现摩擦划痕，光亮度弱；摩氏硬度在6.5以上的则抛光后比较平整光亮，翡翠的硬度为6.5～7，所以抛光后表面光滑明亮。

第二讲
翡翠的物质组成

对翡翠系统性的矿物学研究始于1860年法国矿物学家德穆尔（Damour）。当时他对中国新疆和田玉器和缅甸翡翠玉器从矿物学的角度进行了系统研究，发现两者有明显不同：新疆和田玉主要由闪石类的硅酸盐矿物集合体构成，称为Nephrite；缅甸翡翠主要由辉石类硅酸盐矿物集合体构成，称为Jadeite。

后来，日本矿物学家铃木敏出版的《宝石志》（1914）中根据和田玉和翡翠的光泽不同以及在视觉上的刚柔差异，结合其实际硬度比较，将和田玉称为"软玉"（图2-1），翡翠称为"硬玉"（图2-2）。

在我国，仍然是将来自新疆的称为"和田玉"，来自缅甸的称为"翡翠"，两者有着本质的不同。

图 2-1　软玉（和田玉）

图 2-2
硬玉（翡翠）（传福珠宝提供）

一、翡翠的矿物组成

翡翠是以辉石类的链状硅酸盐矿物为主要组成成分的多晶矿物集合体,其代表性的矿物是硬玉、绿辉石和钠铬辉石。在翡翠的矿物组成中,除了辉石类主要矿物以外,还有次要矿物、副矿物以及次生矿物等(表2-1)。

表2-1 翡翠的矿物组成

类型	含量	矿物类别	矿物名称
主要矿物	>90%	辉石类	硬玉、钠铬辉石、绿辉石
次要矿物	<10%	闪石类	透闪石、阳起石、普通角闪石
		长石类	钠长石
副矿物	<1%	氧化物	铬铁矿、磁铁矿、赤铁矿
次生矿物	<1%	黏土矿物	绿泥石、蒙脱石、伊利石、蛇纹石
		氧化物	褐铁矿、针铁矿

(一)主要矿物

1. 硬玉(jadeite)

硬玉属于单斜晶系,分子式为 $[NaAl(Si_2O_6)]$,晶形为斜方柱或短柱状,颜色有无色、白色、绿色或紫色,具有两组近于垂直的完全解理,摩氏硬度为6.5,相对密度为3.32,折射率为1.650～1.670。

硬玉的化学成分分布为 SiO_2（57%～58%）、Al_2O_3（21%～25%）、Na_2O（13%～15%），还含少量的 FeO、Cr_2O_3 和 MnO_2（表 2-2）。成分较纯的硬玉为无色，但含有 Cr、Fe 等成分后将显示绿色，含 Mn、Fe 等成分则可能会显示紫色（图 2-3）。

表 2-2 硬玉的化学成分（%）

样品号	SiO_2	TiO_2	Al_2O_3	Cr_2O_3	FeO	MnO	MgO	CaO	Na_2O	K_2O	NiO	总计
10	57.02	0.02	24.93	—	0.30	0.03	0.31	0.40	14.37	0.04	0.01	97.43
11	58.04	—	24.45	—	0.36	—	0.56	0.79	15.09	0.01	0.02	99.30
12	57.73	0.03	25.82	0.01	0.16	0.05	0.10	0.17	15.06	0.01	—	99.14
23	58.61	0.01	24.53	0.01	0.24	0.04	0.26	0.34	14.99	0.01	—	99.04
49	57.48	0.15	20.60	0.01	1.50	0.04	3.05	4.14	13.17	0.01	—	100.15
50	58.37	0.08	24.41	0.01	0.34	0.04	0.84	1.17	14.60	—	0.01	99.87
53	57.64	0.14	21.47	—	1.15	0.02	2.02	2.82	13.49	0.02	—	98.76
53	57.66	—	24.84	—	0.26	0.03	0.03	0.29	15.34	0.03	—	98.48

注：样品使用南京大学成矿机制研究国家重点实验室 JFOLJXA88000M 型电子探针分析仪测试，测试者为卢龙。

图 2-3 翡翠毛料中翠绿色硬玉与紫罗兰硬玉

硬玉是组成缅甸翡翠最主要的矿物成分。90%～95%以上的翡翠都是由硬玉矿物组成的，为短柱状集合体，并构成交织结构或纤维交织结构（图2-4～图2-7）。

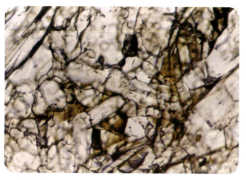

图 2-4

翡翠中硬玉矿物的交织结构（X10-）[①]

图 2-5

翡翠中硬玉矿物集合体的交织结构（X10+）

图 2-6

翡翠中硬玉矿物的两组垂直解理（X25+）

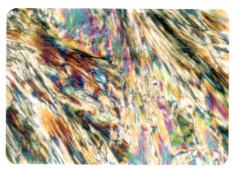

图 2-7

翡翠纤维状糜棱结构（X10+）

2. 钠铬辉石类

钠铬辉石理论上是成分为 $NaCr(Si_2O_6)$ 的辉石类矿物，但现实存在的钠铬辉石并非是含铬的辉石类端元组分，而是 Cr^{3+} 和 Fe^{2+} 共存的类质同象辉石类矿物，其化学成分为 $[Na(Cr，Fe)(Si_2O_6)]$，与硬玉矿物比较，其组成成分为 SiO_2（54%）、Al_2O_3（3%～8%）、Na_2O（12%～13%）相对要低，Cr_2O_3（13%～19%）、FeO（5%～6%）相对要高（表2-3）。

[①] "X10"为物镜放大倍数10倍，"-"为单偏光，"+"为正交偏光。

表 2-3 钠铬辉石化学成分（%）

样品号	SiO_2	TiO_2	Al_2O_3	FeO	MnO	MgO	CaO	Na_2O	K_2O	Cr_2O_3	总计
K-001	54.82	0.08	5.44	5.32	0.07	0.41	1.39	12.29	—	19.35	99.17
K-002	53.57	0.05	7.97	5.09	0.02	0.71	0.75	13.15		17.62	98.93
K-006	54.71	0.04	3.46	5.11	0.13	3.61	4.21	12.44	0.01	14.96	98.68
K-009	54.48	0.01	4.03	5.95	0.08	2.51	2.95	12.20		16.17	98.48
K-010	54.55	0.03	8.20	5.17	0.05	0.67	0.43	13.43		15.42	97.94

注：据亓利剑（1999）。

钠铬辉石是欧阳秋眉（1983）在研究缅甸翡翠的过程中发现的，并做了系统的矿物学研究，从而改变了 Deer 等人认为的陨石成因看法。钠铬辉石主要大量地存在于铁龙生翡翠中（图 2-8），显示柱状变晶结构和纤维交织结构（图 2-9、图 2-10），并与铬铁矿（$FeCr_2O_4$）关系密切，往往在铬铁矿周围可形成绿色反应边结构，说明铬铁矿为钠铬辉石提供了铬（Cr^{3+}）源（图 2-11）。同时，钠铬辉石可与钠长石共生组成"麼西西"（Maw-Sit-Sit）（图 2-12）。

图 2-8

由钠铬辉石组成的"铁龙生"毛料

图 2-9

短柱状钠铬辉石集合体，黑色为铬铁矿（X10-）

图 2-10

与硬玉共生的钠铬辉石（绿色）（X10-）

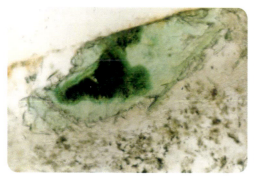

图 2-11

铬铁矿周围的钠铬辉石反应边（X25-）

图 2-12

由钠长石和钠铬辉石共生构成的"麇西西"

由于钠铬辉石是 Cr 致色，颜色为鲜艳翠绿色，但较高 Cr、Fe 元素的含量对入射光线具有明显吸收作用，使得铁龙生翡翠一般都显示为不透明，往往都需要切成薄片，加上镶嵌的金属衬底才会使绿色显现出来（图 2-13）。

3. 绿辉石类

绿辉石类的化学成分为 [(Na, Ca)(Al, Mg, Fe)(Si$_2$O$_6$)]，其中 CaO、MgO、FeO 含量较高，SiO$_2$、Na$_2$O 含量相对要低（表 2-4）。由于是 Fe^{2+} 致绿色，随着含铁量的增加，绿色偏灰、偏暗、泛蓝，而呈现

图 2-13

由铁龙生薄片镶嵌的吊坠

表 2-4　绿辉石化学成分（%）

样品号	SiO$_2$	TiO$_2$	Al$_2$O$_3$	Cr$_2$O$_3$	FeO	MnO	MgO	CaO	Na$_2$O	K$_2$O	NiO	总计
49	54.87	0.21	11.93	0.02	2.41	0.10	8.40	11.50	8.37	0.01	0.01	97.82
50	55.40	0.12	9.15	0.06	2.77	0.15	10.08	14.46	6.29	0.01	－	98.48
53	54.56	0.06	11.11	－	3.30	0.01	7.58	11.61	8.20	－	－	96.42
64	52.38	0.22	10.66	0.02	3.09	－	7.62	10.53	8.06	0.03	0.01	92.62
65	54.85	0.13	11.73	0.02	2.03	0.18	7.93	11.98	7.74	0.02	0.03	96.62

注：样品利用南京大学成矿机制研究国家重点实验室 JFOLJXA88000M 型电子探针分析仪测试，测试者为卢龙。

灰绿色、深绿色、蓝绿色、绿黑色，组成油青翡翠（图2-14）、蓝水翡翠（图2-15）、墨翠翡翠（图2-16）的主要成分，以及翡翠的飘蓝花部分（图2-17）。墨翠中绿辉石结晶细密，显示细粒放射状变晶交织结构（图2-18）

图2-14 油青翡翠观音

图2-15 蓝水翡翠方牌

图2-16 墨翠翡翠关公挂件

图2-17 飘蓝花翡翠挂件

图2-18

绿辉石的细粒放射状变晶交织结构（×10+）

4. 翡翠中辉石矿物成分对比

辉石族化学组成通式：$XY(Si_2O_6)$，其中：

X（M2位）：Ca，Mg，Fe^{2+}，Mn，Na，Li；

Y（M1位）：Mg，Fe^{2+}，Mn，AL，Fe^{3+}，Cr^{3+}，V^{3+}。

（1）硬玉[$Na(Al, Cr, Fe, Mn)(Si_2O_6)$]是组成翡翠的主要成分，纯的硬玉为无色或白色；含Cr元素时硬玉显示翠绿色，随着Cr含量的不同，绿色的色调和深浅会有所不同；含 Fe 元素时硬玉出现灰绿色或暗绿色，颜色偏深、偏暗、泛蓝；含 Mn 和 Fe 元素时硬玉将会出现紫罗兰颜色。

（2）钠铬辉石类 [$Na(Cr，Fe)(Si_2O_6)$] 是组成铁龙生和干青翡翠的主要成分，颜色为艳绿色，但 Cr 和 Fe 元素都会对光线有吸收作用，含 Cr 元素太多时，尽管颜色为绿色，但透明度差，成品中需要切割成薄片加上衬底的反光，才能把绿色映射出来。

（3）绿辉石类 [$(Na，Ca)(Mg，Fe)(Si_2O_6)$] 是组成油青翡翠、蓝水翡翠、墨翠以及飘蓝花翡翠的主要成分。由于是以 Fe 元素为主，绿色偏灰、偏暗、发黑，但一般质地细腻。

缅甸翡翠以硬玉矿物为主，主要化学组成见表 2-5。

表 2-5　翡翠的化学成分（%）

分组	硬玉	缅甸	美国	危地马拉	日本	瑞士	苏格兰	墨西哥	缅甸（本书样品编号）		
									67	71	80
SiO_2	59.45	59.51	59.38	58.12	58.02	58.28	58.3	59.35	59.92	59.70	57.24
Al_2O_3	25.21	24.31	25.82	20.32	22.96	21.86	20.4	22.18	23.45	23.45	22.84
Fe_2O_3	–	0.35	0.45	2.09	0.77	–	2.6	1.15	0.16	0.06	0.55
FeO	–	0.30	0.77	0.18	2.42	0.60	0.32	–	–	–	–
MgO	0.58	0.12	2.16	1.70	1.99	1.3	1.77	1.41	1.94	1.42	–
CaO	0.77	0.13	–	1.58	2.59	2.4	2.57	2.07	0.52	1.88	–
Na_2O	15.34	14.37	13.40	12.43	12.38	12.97	14.5	12.20	14.40	14.70	15.82
K_2O	–	0.20	0.02	0.10	0.16	–	0.2	0.20	0.01	0.01	0.09
MnO	–	0.01	–	0.07	0.01	0.22	痕量	0.01	–	–	0.01
TiO_2	–	0.01	0.04	0.31	0.04	–	–	0.18	0.06	0.30	0.04
Cr_2O_3	–	–	–	–	–	–	–	–	–	–	–
H_2O^+	–	0.06	0.22	0.61	0.87	–	–	0.20	–	–	–
H_2O^-	–	–	0.16	–	0.61	–	–	–	–	–	–
总计	100.00	100.47	99.74	100.51	99.28	100.27	100.3	100.13	101.52	100.80	100.00

注：各国数据根据 Leaming（1978），本书 X 荧光光谱分析 3 个样，编号为 67、71、80。

（二）次要矿物

次要矿物是属于在翡翠成品中不希望有的瑕疵矿物。在原生翡翠中，主要是与硬玉矿物伴生的闪石类矿物和钠长石等，由于这些矿物的密度、硬度都与翡翠不同，可以大量出现，也可以呈少量杂质出现。

1. 闪石类矿物

主要矿物成分包括：

①纤闪石（阳起石）$Ca_2(Mg,Fe)_5(Si_4O_{11})_2(OH)_2$

②透闪石 $Ca_2Mg_5(Si_4O_{11})_2(OH)_2$

闪石类矿物是翡翠内生形成的后期产物，属含水的链状硅酸盐类矿物，Ca、Mg、Fe元素含量较高，颜色为暗绿色、黑色，常呈斑晶片状出现（图2-19），或呈纤维状交代硬玉矿物（图2-20），硬度相对要低，为5～6，较硬玉要软，表面抛光不好，光泽弱。在翡翠毛料中可构成暗绿色或黑色不规则条带，由于硬度低，表面往往会体现出凹陷感，抛光不亮，行内称为"癣"（图2-21）。

图2-19
硬玉矿物伴生出现的角闪石自形斑晶（X25+）

图 2-20

硬玉（粒状）的透闪石化（纤维状）（X10-）

图 2-21

与翡翠伴生的黑色角闪石类矿物，俗称为"癣"

"癣"的称呼是由于过去云南一带人们容易生"牛皮癣"的皮肤病，有"癣"的部位皮肤溃烂好了后都会凹陷下去。在翡翠中，由于闪石类矿物硬度低，在翡翠毛料表皮受风化磨蚀都会凹陷下去。所以形象地将黑色的闪石类矿物称之为"癣"，有"癣"的地方，如同皮肤上长了"牛皮癣"一样非常令人厌恶，需要除去，属于瑕疵，在加工雕刻中一般都予以剔除。

如果翡翠中闪石类矿物含量在 10% 以上，就不能称为翡翠，而是"癣"了。

2. 钠长石

钠长石（$NaAlSi_3O_8$）属于钠铝硅酸盐矿物，颜色为无色—白色，较为透明，密度为 $2.6 \sim 2.7 g/cm^3$，硬度 6，油脂—玻璃光泽，折射率为 $1.52 \sim 1.54$，具有近垂直的两组中等解理。与硬玉相比较，钠长石硬度低、光泽弱，纯的钠长石集合体往往构成糖粒状等粒结构（图 2-22），断面上会出现等粒的鳞片状闪光（图 2-23）。

图 2-22

呈等粒结构分布的钠长石（X10+）

图 2-23

钠长石玉，俗称为"水沫子"，断面鳞片状闪光

在翡翠毛料薄片中可见钠长石充填于硬玉矿物空隙中,属于晚期生成矿物(图2-24),硬玉为柱状变晶结构,钠长石为等粒变晶结构,两者明显不同(图2-25)。在翡翠毛料中钠长石比较集中的部位会显得偏灰、偏油性,细腻圆润,但没有交织棉絮感(图2-26,图2-27),表面反光较翡翠(硬玉)要弱(图2-28);当翡翠中钠长石的含量超过10%便不是翡翠了,行内称为是"水沫子","水"即比较透明,"沫"为泡沫,说明比较轻。缅甸和云南的玉石商一般认为,只要是与翡翠伴生、看似比较透明、且质量比翡翠还轻的品种都称为"水沫子",包括了钠长石和石英岩玉,但实际上真正的"水沫子"应当是指钠长石玉。

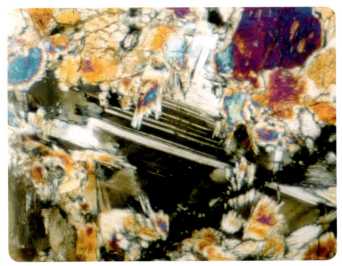

图2-24

翡翠硬玉矿物空隙中充填的钠长石(×10+)

图2-25

水沫子,硬玉与钠长石共生产出(×10+)

图 2-26

与翡翠硬玉(白色)共生的钠长石(油性灰色),构成"水沫子"

图 2-27　含有钠长石的紫罗兰翡翠

图 2-28　表面反光,钠长石明显比硬玉要弱

钠长石同时也与钠铬辉石相共生,行内称为"麽西西"(图 2-29),如果钠长石含量超过 10% 以上,也不能称作翡翠,行内称为"麽西西"。"麽西西"是一个翡翠矿产出的地名,以产出"铁龙生"翡翠为名,也是钠长石与钠铬辉石共生的别称。

图 2-29

钠铬辉石(绿色)与钠长石(白色)共生构成的"麽西西",黑色为铬铁矿

图 2-30 为硬玉-钠铬辉石-钠长石端元组分三角图解。在硬玉与钠铬辉石组合中，硬玉构成了以白色为主的翡翠，当硬玉中含有微量的 Cr 元素时，构成翠绿色翡翠，绿色的多少与浓淡取决于含 Cr 量的多少，当含 Cr 量过多，占主要成分时，即为钠铬辉石，便构成了不透明但仍为绿色的"铁龙生"；在硬玉与钠长石组合中，由纯的硬玉组合，到硬玉与钠长石共生组合，再到纯的钠长石组合，当硬玉矿物组合在 90% 以上，即称为翡翠，当硬玉含量低于 90%，钠长石含量超过 10% 时，即为"水沫子"，而非翡翠；钠铬辉石与钠长石也具有共生关系，纯的钠铬辉石构成"铁龙生"，为翡翠的一类，但钠铬辉石与钠长石共生一起，且钠长石含量超过 10% 以上，即为"麽西西"，并非翡翠，主要含量都是钠长石时，则为"水沫子"。

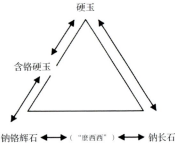

图 2-30

硬玉-钠铬辉石-钠长石端元组分三角图解

图 2-31 为辉石类-角闪石类-钠长石的共生三角图解，在原生翡翠中，硬玉、角闪石类和钠长石三者可以一起出现（图 2-32），从形成顺序上看，硬玉形成要早，角闪石类矿物和钠长石矿物形成相对要晚。

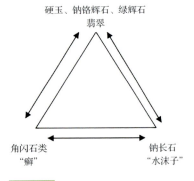

图 2-31

辉石类-角闪石类-钠长石端元组分三角图解

图 2-32

含有辉石类、钠长石、角闪石的翡翠毛料

(三)副矿物

副矿物是指在翡翠中存在的少量矿物,一般不会超过5%。主要是铬铁矿($FeCr_2O_4$)、磁铁矿(Fe_3O_4)和碳质等一些暗色矿物。铬铁矿可以为翡翠提供部分的铬(Cr^{3+})成分,导致翡翠显示翠绿色,主要出现在一些干青和铁龙生的翡翠或"麽西西"中,产出与钠铬辉石、硬玉关系密切,在铬铁矿周围,由里向外,可形成绿色的反应边结构(图2-33):

图 2-33

铬铁矿被硬玉交代形成反应边结构(X25-)

$$FeCr_2O_4 \longrightarrow NaCr(Si_2O_6) \longrightarrow Na(Al,Cr)(Si_2O_6) \longrightarrow Na(Al)(Si_2O_6)$$
铬铁矿　　钠铬辉石　　　含铬绿色硬玉　　　　白色硬玉
(中心 ⟶ 外)

过去食品市场有"副食品"的说法,所谓"副食品"就是以佐料为主的产品,包括油、盐、酱、醋、糖等,一道主食中,添加一点点不同的佐料,其味道和颜色会发生根本的改变。因此,副食品在制作主食方面起到了关键作用。同样,翡翠中少量的副矿物出现,会使翡翠的品质发生改变。如出现较多黑点,俗称"苍蝇屎"(图2-34),为翡翠中的瑕疵,会降低翡翠的质量和价值。但翡翠

图 2-34

翡翠中的"苍蝇屎"黑点

中大量细点状的石墨类碳质出现,将使翡翠变为黑色,形成翡翠的一个种类——"黑翡翠"(图2-35、图2-36)。

图 2-36　由碳质聚集产生的黑翡翠

图 2-35

翡翠中大量细点状碳质聚集,形成"黑翡翠"

(四)次生矿物

次生矿物是暴露于地表或近地表的翡翠在表生风化作用下,受表生矿物质的渗透浸染,在翡翠表层或近表层形成的矿物,包括了氧化性的三价铁矿物和还原性的黏土矿物。这些矿物质主要渗透于翡翠表层的硬玉矿物颗粒间隙之中,不会对硬玉矿物性质产生蚀变反应,但可以改变翡翠的颜色,使翡翠产生次生翡色和次生绿色。

氧化性三价铁矿物(Fe^{3+}):受表生风化作用形成、并渗透于翡翠表层或硬玉矿物颗粒间隙中充填的胶状褐铁矿和赤铁矿等,会导致翡翠形成红色或黄色翡色(图2-37、图2-38)。

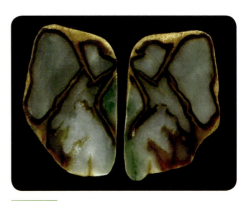

图 2-37

翡翠砾石毛料表层由氧化铁浸染形成的翡色

图 2-38　黄翡

还原性黏土矿物：翡翠砾石在长期埋藏和水的浸泡过程中，以黑色淤泥为代表的还原性黏土矿物质会沿翡翠砾石表层硬玉矿物间隙或微裂隙往内部渗透，使翡翠近表层形成一些含二价铁质的还原性黏土矿物，包括绿泥石、蛇纹石、蒙脱石、伊利石等，可使翡翠产生灰绿色、暗绿色等次生绿色（图2-39、图2-40）

图 2-39

黑乌砂翡翠毛料，表层被黑色淤泥质覆盖，并向内渗透形成次生绿色

图 2-40

由绿泥石类黏土质物质渗透形成的次生绿色翡翠

二、翡翠的定义与命名原则

1. 翡翠的定义

一种以硬玉、钠铬辉石和绿辉石为主要组成成分，质地细腻、坚硬柔韧、色彩丰富，已达到玉石级工艺美术要求的天然矿物集合体。

2. 翡翠的命名

翡翠的命名，主要根据主要矿物和次要矿物来命名，命名原则如下（表2-6）：

（1）辉石类矿物（硬玉、钠铬辉石和绿辉石类，下同）在90%以上，命名为翡翠；

（2）辉石类矿物在75%～90%之间，并含有10%～25%的闪石类矿物，命名为含角闪石质翡翠；

（3）辉石类矿物在75%～90%之间，并含有10%～25%的钠长石矿物，命名为含钠长石质翡翠；

（4）闪石类含量大于25%的，命名为角闪石质玉，俗称"癣"；

（5）钠长石含量大于25%的，命名为钠长石玉，俗称"水沫子"。

表2-6　翡翠主要矿物与次要矿物组成与命名

组成矿物名称	含量（%）	命名
辉石类（硬玉、钠铬辉石、绿辉石）	>90	翡翠
角闪石类	10～25	含角闪石质翡翠
角闪石类	>25	角闪石质玉，"癣"
钠长石	10～25	含钠长石质翡翠
钠长石	>25	钠长石玉，"水沫子"

第三讲

翡翠行业俗语与评价

一、翡翠的行业俗语

翡翠从挖玉、赌玉、加工到经营都蕴涵了丰富的民间色彩。翡翠最早加工于云南腾冲的两个村落：荷花村和雨伞村。早先的翡翠玉石商人，大部分文化知识层次都不算高，在翡翠生产、加工经营过程中，不可能对翡翠特征进行科学定义和描述，而是根据当地特点和自身接触到的事与物，将其形象地运用到翡翠的特征描述之中，以物喻物。由此总结出一系列描述与评价翡翠的民间传统经验和行业俗语。如"色""地""水""瑕疵""种"等。

翡翠的行业俗语造就了翡翠的神秘性和高门槛性。

神秘之处在于每个人对翡翠的行业俗语理解与认识不同，会导致对翡翠的种类与价值评判有所不同。如对绿色的描述有"葱油绿"，但每个地方生长的葱大小和颜色色调都会有差别，在相对应翡翠颜色的色调理解上就会有不同，价值评估上也就会出现偏差。

高门槛性在于商家通过行业俗语与对方简单交流，很容易就可以判断出对方对翡翠了解的程度，从而会报出不同的价位，使得外行人往往会吃亏。因为在翡翠行业内，尤其是翡翠赌石毛料方面，商家报价可以是天价，买家还价也可以是地价，货品是真是假，价位是高是低，完全取决于买家对翡翠的判别与评价能力，所谓"行内无欺骗，关键在自己眼力"。因此，初入行者，不懂得行业俗语和相关规矩，很容易吃亏上当。这也导致了翡翠行业的高门槛性，看似平静的商业活动，内部充满了"杀机"，稍不留神，可能血本无归。

因此，要了解翡翠，并对它进行正确评价，首先必须认识和了解翡翠的行业俗语以及其真实含义。同时，还要逐步建立一套真正属于自己的翡翠质量价值评估体系。

二、翡翠的颜色

　　翡翠的颜色在整个玉石种类中是最为丰富的,除了绿色以外,还有白色、紫色、黄色、红色和黑色等。一件翡翠中可以是单一颜色,也可以是多种颜色共同存在;而且每种颜色的色调和深浅变化也会层出不穷,形成了翡翠独特的色彩文化,如绿色代表生命和希望,翡色代表热情奔放和丰硕成果,紫色代表财富,绿色、翡色和紫色的组合代表了"福禄寿"等。

　　翡翠的颜色类型可以划分两方面:颜色分类和成因分类。

(一)按颜色划分

　　翡翠根据颜色类型不同,可以划分为六大类:绿色、翡色、紫色、白色、黑色和组合色(图3-1～图3-6)。

图 3-1　绿色

图 3-2　翡色

图 3-3　紫色

图 3-4

白色翡翠

图 3-5

黑色翡翠

图 3-6

翡翠组合色——春带彩

1. 绿色类翡翠

翡翠之所以那么的吸引人，与它具有迷人的翠绿色息息相关。绿色是生命的象征，给人以安详、平和与希望。翡翠的绿色随着其中所含微量元素成分及含量的不同，会导致色调、饱和度和深浅的不同，有的绿色偏蓝味，有的绿色偏黄味；有的较浅，有的较深；使得翡翠的绿色千变万化，形成不同的种类（图 3-7）。

根据翡翠绿色的色调和分布均匀性特征不同，结合传统行业俗语，将翡翠绿色总结归纳为以下类型：祖母绿、翠绿、芙蓉绿、老坑绿、阳豆绿、豆青绿、花青绿、干青绿、晴水绿、油青、蓝水和墨绿。

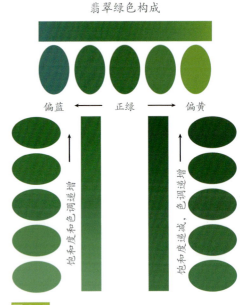

图 3-7

绿色深浅和饱和度与色调的关系

1）祖母绿

祖母绿包括了"鹦哥绿"和"孔雀绿"。与祖母绿宝石（图3-8）的颜色一样，祖母绿翡翠分布均匀，晶莹剔透，颜色表面显深，偏蓝味，主色调是从内部泛出，绿色纯正、浑厚、深沉但不偏色，有一种成熟稳重的美感（图3-9）。祖母绿色是翡翠中颜色最好的颜色，也是价值最高的绿色，被称为"帝王绿"。

图3-8　祖母绿宝石　　　　　　　　图3-9　祖母绿色（传福珠宝提供）

2）翠绿

绿色色调较祖母绿色要鲜艳、亮丽，颜色均匀，色泽饱满，颜色是从表里均有发出，是常见高档翡翠的绿色（图3-10）。

3）芙蓉绿

芙蓉绿也称为"秧苗绿"或"黄阳绿"。绿色亮丽均匀、清淡鲜艳，略偏黄味（图3-11），犹如树叶刚发出的嫩芽（图3-12），绿中带黄，感觉颜色偏"嫩"，富有活泼朝气，也属高档绿色。

图3-10　　　　　　图3-11　　　　　　　　　图3-12

翠绿　　　　　　　芙蓉绿（伊贝紫珠宝提供）　黄阳绿，绿色泛黄味

4）老坑绿

深绿色至绿黑色，颜色均匀，偏暗，比较透，透光下反射出的颜色为正绿色（图3-13）。

5）豆绿

"豆"表示颜色分布不均匀，绿色呈不规则点状、块状、条带状、丝条状出现，或绿色中出现不均匀的白色棉絮。是中高档—中低档翡翠中最为常见的绿色。根据色调的不同，又可细分为两类，阳豆绿和豆青绿（图3-14）。

图3-13 老坑绿

图3-14 豆绿，左为阳豆绿，右为豆青绿

（1）阳豆绿：绿色颜色鲜艳明亮，带黄味，阳绿色，比较鲜艳，俗称为"色辣"，但绿色分布不均匀，局部出现或有棉絮（图3-15），呈丝条状的绿色也称为"金丝绿"（图3-16）。

图3-15 阳豆绿（传福珠宝提供）

图3-16 金丝绿

（2）豆青绿：包含了"菠菜绿""葱油绿"，颜色类似大葱（图3-17），绿色鲜艳但略显深沉，色调绿中泛蓝，分布不均匀（图3-18）；呈丝条状出现的与瓜丝相似（图3-19），称为"瓜丝绿"（图3-20）。

图3-17　"葱油绿"绿色偏蓝味

图3-18　豆青绿（传福珠宝提供）

图3-19　瓜丝绿

图3-20　瓜丝绿

6）花青绿

"花"为不均匀，"青"为绿色。颜色鲜艳，但分布不均匀，深浅不一，由浅绿色到深绿色，乃至黑色，逐渐过渡，较深的部位在自然光下显示黑色，但透射光下仍然为绿色（图3-21）。

图3-21　花青绿，左为自然光，右为透射光

7）干青绿

干青绿整体都是绿色，但不透明，一般质地粗（图3-22）。包括由钠铬辉石构成的"铁龙生"翡翠。

8）晴水绿

晴水绿也称"湖水绿"。翡翠白色上泛出清淡均匀的绿色，俗称为"颜底"，即带有绿色颜色的底子（图3-23）。具有晴水绿的翡翠质地往往比较细腻。

图3-22 干青绿

图3-23 晴水绿

晴水绿犹如雨过天晴时平静池塘里的水泛出的淡淡绿色。池塘里的水远望去是绿色的（图3-24），但盛满在盆中并不会显示绿色。说明晴水绿的绿色会随着环境的不同而不同：在柔和的黄光下绿色会显得比较明显，但在强白光或自然光线下，颜色会变浅或显示无色（图3-25）。

图3-24 湖水绿

图3-25 晴水绿在黄光（左）和白光（右）下颜色的变化

9）油青

"油"是指细腻、均匀、有透明感，但色调偏灰；"青"即为绿色。油青为灰绿色—暗绿色，颜色深沉，偏灰、偏暗，但相对均匀。

油青有原生和次生之分：原生油青颜色分布均匀，质地细腻圆润，油感十足（图3-26）；次生油青颜色分布不均匀，呈丝网状，质地相对粗糙，颜色有飘浮感（图3-27）。

图 3-26　原生油青观音

图 3-27　次生油青手镯

10）蓝水

蓝水包括"江水"。绿中泛蓝，偏暗，犹如山涧小溪中的清澈水塘所映出的幽蓝色调（图3-28）。与油青一样，蓝水绿的颜色也有原生和次生之分：原生蓝水绿的颜色比较均匀，地质细腻圆润（图3-29）；次生蓝水颜色呈蓝绿色偏灰，丝网状分布，相对不均匀（图3-30）。

图 3-30　次生蓝水

图 3-28　小溪的幽蓝色调

图 3-29　原生蓝水（传福珠宝提供）

11）墨绿

墨绿为深绿色、绿黑色。自然光下观察为黑色，但黑中透绿，透射光下则显示为绿色（图3-31）。市场上该种类称为"墨翠"。

翡翠绿色由于组成的辉石类矿物不同或所含的致色元素不同，产生的绿色色调也不同。

（1）Cr致色：绿色鲜艳，亮丽。包括两类：①由硬玉中含微量的Cr元素产生的颜色，属于他色致色，包括祖母绿、翠绿、芙蓉绿、老坑绿、阳豆绿、豆青绿、花青等。由于硬玉中Cr含量多少和均匀性的

图 3-31　墨绿

不同，导致绿色色调、深浅和均匀性也不同，反映到不同类型上来表现为祖母绿、翠绿、芙蓉绿和老坑绿等相对比较均匀，但出现的范围不大，比较少见，故显得弥足珍贵；阳豆绿、豆青绿、花青绿颜色相对不均匀，是常见的绿色品种。②钠铬辉石致色，属于自色。为组成矿物钠铬辉石的主要成分Cr元素导致的颜色，颜色分布均匀，整体都带绿色，但透明度差，质地粗，主要品种是干青绿和"铁龙生"翡翠。

（2）Fe致色：绿色深沉，偏灰、偏暗。包括两类：①由绿辉石导致出现绿色，属于自色，是绿辉石中的主要组成成分Fe元素导致的颜色。包括原生的油青、蓝水和墨绿。由于是主要成分的自色致色，颜色比较均匀，整体变化不大，质地相对细腻。②次生黏土矿物导致的次生色。包括次生油青和次生蓝水，是绿泥石类黏土矿物渗透到翡翠中出现的颜色，多呈丝网状，分布不均匀。

不同种类的绿色透明度各有不同（表3-1），颜色的分布、深浅、均匀程度不同（表3-2），使得其价值评估也不同：高档的是祖母绿、翠绿、芙蓉绿和老坑绿；中高档—中低档的是阳豆绿、豆青绿；贯穿于中高档—低档的主要是花青、干青、油青、蓝水和墨绿，其具体档次需要根据颜色分布多少、颜色深浅和均匀程度而定（表3-3）。

表 3-1　翡翠绿色与透明度关系

种类	透明	较透明	半透明	较不透明	不透明
祖母绿	√				
翠绿	√	√			
芙蓉绿	√	√			
老坑绿	√	√			
晴水绿	√	√	√		
阳豆绿		√	√		
豆青绿		√	√	√	
花青绿		√	√	√	√
干青绿					√
油青		√	√	√	
蓝水		√	√	√	
墨绿		√	√	√	
次生油青			√	√	√
次生蓝水			√	√	√

表 3-2　翡翠绿色种类与颜色均匀程度关系

种类	均匀	较均匀	较不均匀	不均匀
祖母绿	√			
翠绿	√	√		
芙蓉绿	√	√		
老坑绿	√	√		
晴水绿	√	√		
阳豆绿			√	√
豆青绿			√	√
花青绿			√	√
干青绿		√	√	
油青	√	√	√	
蓝水	√	√	√	
墨绿	√	√	√	
次生油青	√	√	√	√
次生蓝水	√	√	√	√

表 3-3 绿色类翡翠的价值评估体系

种类	高档	中高档	中档	中低档	低档
祖母绿	√				
翠绿	√	√			
芙蓉绿	√	√			
老坑绿		√	√		
阳豆绿		√	√		
豆青绿		√	√	√	
花青绿		√	√	√	√
干青绿			√	√	√
晴水绿		√	√		
油青		√	√	√	√
蓝水		√	√	√	√
墨绿		√	√	√	√
次生油青				√	√
次生蓝水				√	√

2. 紫色类

紫色翡翠又称为"椿色"或"紫罗兰"。所谓的"椿"是指香椿树的椿芽。在云南每年开春时节，香椿树都会发出鲜嫩紫色的椿芽（图 3-32），这是当地的一道美味佳肴，深受人们喜爱。因此，当地玉石商人便将椿芽的颜色比喻为翡翠的紫色，称为"椿色"。紫色也

图 3-32　香椿树

代表了财气,是瑞福的象征,所谓紫气东来、大红大紫、紫气冲天等便是如此。

翡翠的紫色根据颜色色调和深浅的不同,可分为3类:

(1)茄紫(紫椿):深紫色、蓝紫色,以蓝色调为主,颜色偏暗(图3-33)。

(2)粉紫(粉椿):粉紫色、紫红色,以粉红色调为主,颜色鲜亮(图3-34)。

(3)粉红色:粉红色,不带紫色调,比较少见(图3-35)。

一般认为,紫色主要由硬玉矿物中含有Mn、Fe等元素引起。粉紫色翡翠的结晶颗粒往往较粗,种差,一般透明度不好,毛料中有"十椿九垮"之说;质地细腻、种水较好的紫罗兰翡翠比较少,以茄紫为多,价值都较高(图3-36)。

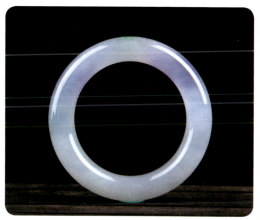

图 3-33　紫椿手镯(传福珠宝提供)

图 3-34　粉椿吊坠

图 3-35　粉红笑佛

图 3-36　冰紫的紫罗兰吊坠

3. 白色类

白色类可以划分为两类：冰白和干白。

1) 冰白

也称水白、透水白。无色—白色，质地细腻，比较透明，主要在玻璃种、冰种翡翠中出现，有冰清玉洁之感，是白色翡翠中的上品（图3-37）。

2) 干白

白色，半透明—不透明，颗粒感强，质地粗（图3-38），是中低档翡翠中常见的白色。

白色翡翠基本由较纯的硬玉矿物组成，也是翡翠中最为普遍的颜色，大部分翡翠都是白色的，也是翡翠的基底色。

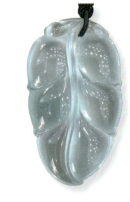

图3-37 冰白

图3-38 干白

4. 黑色

黑色翡翠也称为"乌鸡种"翡翠，颜色包括黑色、灰黑色和灰白色。如图3-39所示。黑色翡翠是由于硬玉矿物中含有密集的成弥散状态分布的细点状石墨类碳质包裹体所致（图3-40）。碳质包裹体越密集，颜色越黑；反之，碳质包裹体比较少，则为灰黑或灰白色，称为香灰种（图3-41）。

图3-39 黑翡翠

图3-40 黑翡翠有碳质浸染

图3-41 香灰种黑翡翠

5. 翡色类

翡色是指红色和黄色的翡翠，可分为红翡和黄翡。

1）红翡

红色、褐红色、褐色，颜色深，往往质地细腻圆润（图3-42）。

2）黄翡

鲜黄色—褐黄色，颜色鲜亮。最好的黄翡是"鸡油黄"和"冰黄"，黄色鲜艳圆润，均匀饱满（图3-43）。

翡色属于次生色，与表生的氧化铁质浸染有关，主要出现于翡翠赌石毛料的表层至近表层，一般呈面状出现，厚度较薄，整体是翡色的翡翠成品价值较高。如果翡色是点状出现，俗称为"撒黄金"，大多出现于茄紫色的紫罗兰翡翠中（图3-44），价值相对也高。

图 3-42　红翡摆件

图 3-43　鸡油黄

图 3-44　撒黄金

6. 组合色

组合色是指由两种或两种以上颜色组合的翡翠。不同翡翠颜色的组合，体现了不同的玉石文化内涵。主要类型如下。

1）春带彩

紫色和艳绿色共存的翡翠（图3-45），绿中夹紫，紫中泛绿，犹如春天红花盛开，又有绿叶相衬，分外妖娆。春带彩的绿色是比较鲜艳的绿色，多以阳豆绿为主，紫色以粉紫色为多，是翡翠中的上品。

2）黄加绿

绿中带黄，黄中映绿，既有绿色生命的气息，又有秋天黄色丰收的景象（图3-46）。黄加绿翡翠与深秋时节的银杏树叶十分相似，黄中带绿（图3-47）。银杏树是亿万年的活化石，体现了远古的传承，在黄加绿的翡翠雕件中，往往也设计雕刻一些仿古作品，是中华玉石文化的传承代表（图3-48）。

黄加绿是原生翠绿色翡翠上叠加了次生翡色而成，主要出现在水石和黄沙皮等翡翠毛料赌石中，为数不多，价值相对也较高。

图3-45 春带彩

图3-46 黄加绿手镯

图3-47 深秋黄中带绿的银杏树叶

图3-48 黄加绿仿古龙摆件

3）白底青

白色、质地细腻的底子上有阳豆绿色出现，白绿分明，体现了"一青二白""青青白白"的特征（图3-49）。

4）飘蓝花

白色底子中分布有深绿色—蓝绿色的丝条状、带状色带的翡翠，比较透明者称为冰种飘蓝花翡翠，价值比较高（图3-50）。

5）紫罗兰飘花

茄紫色底子上出现飘蓝花的翡翠（图3-51）。紫罗兰飘花主要出现于茄紫色翡翠中，对粉紫色和粉红色翡翠，基本上较少出现飘蓝花。

图3-49 白底青

图3-50 飘蓝花

图3-51 紫罗兰飘花

6）撒黄金

也称为"撒金黄"，指在紫罗兰翡翠中出现点状的翡色（图3-52）。一般撒黄金主要出现在茄紫色的翡翠之中，并且可以与紫罗兰飘花一起出现（图3-53）。

图3-52 撒黄金手镯

图3-53 紫罗兰飘花带撒黄金手镯

7）福禄寿

翡色、绿色和紫罗蓝3种颜色的组合（图3-54），分别代表了中国传统的福星、禄星、寿星，也称为"桃园三结义"或"刘关张"。

8）福禄寿喜

翡色、绿色、紫罗蓝和白色4种颜色的组合（图3-55）。

图 3-54 福禄寿

图 3-55 福禄寿喜

（二）按成因划分

根据翡翠颜色的成因，将翡翠的颜色划分为原生色和次生色两类。

1. 原生色

原生色为翡翠形成时产生的颜色，以自色和他色出现。它是由组成翡翠中硬玉、钠铬辉石或绿辉石等主要矿物自身出现的颜色，以及在形成时所含碳质成分导致的颜色组成。主要有绿色、紫色、白色、黑色。

（1）硬玉 [$NaAl(Si_2O_6)$] 矿物中微量成分类质同象替代致色，属于他色，颜色深浅多变。

硬玉是组成翡翠的最主要成分，不论透明还是不透明的翡翠，白色的基本是由纯的硬玉矿物构成（图3-56）。当硬玉矿物成分中的Al元素与Cr、Mn、Fe等元素产生类质同象替代，会导致硬玉出现其他颜色，包括鲜艳的绿色和紫色。因为是属于他色，颜色的深浅和均匀程度取决于微量成分替代的多少与分布均匀性，导致绿色和紫色的分布、色调和深浅会有变化，颜色划分的种类也不同。

图 3-56 白色翡翠大型千手观音雕件

鲜艳绿色：硬玉中部分 Al 元素被 Cr 元素替代，出现鲜艳绿色。绿色的色调、颜色浓淡和均匀程度取决于硬玉矿物中含 Cr 量的多少和分布的均匀性（图 3-57）。鲜艳绿色种类包括了祖母绿、翠绿、芙蓉绿、老坑绿、阳豆绿、豆青绿、花青绿和部分干青绿。由于 Cr 替代 Al 的硬玉在整个翡翠的硬玉矿物中所占比例不多，出现的绿色大部分不均匀，多以不均匀条带状、面状、团块状出现（图 3-58），种类上以阳豆绿、豆青绿、花青绿和干青绿比较常见；绿色非常均匀的比较少，往往只是局部出现，使得满绿色者弥足珍贵，包括祖母绿、翠绿、芙蓉绿和老坑绿等绿色是少之又少，价值也高。

图 3-57

硬玉组成的白色翡翠，局部含 Cr 显绿色

图 3-58

毛料中绿色翡翠呈不规则条带分布

紫罗兰色：硬玉中少量 Al 元素被 Mn、Fe 等元素替代，出现紫色，其中粉紫色可能与 Mn 元素有关，茄紫色可能与 Mn 元素和 Fe 元素有关，尤其是 Fe 元素的存在可能是导致产生紫色偏蓝的原因（图 3-59）。紫罗兰飘花翡翠中，蓝花部分是含铁的绿辉石矿物，紫罗兰基本上是以茄紫色为主。

（2）钠铬辉石致色，属于自色，颜色分布均匀。

图 3-59

茄紫色翡翠

钠铬辉石 [$Na(Al, Fe)(Si_2O_6)$] 是组成"铁龙生"翡翠的主要矿物,也属于干青的一部分,绿色为主成分 Cr 导致的颜色,颜色分布相对较为均匀但不透明(图 3-60)。

(3)绿辉石致色,属于自色,颜色分布均匀。

绿辉石 [$(Na, Ca)(Al, Mg, Fe)(Si_2O_6)$] 中 Fe^{2+} 会导致产生绿色,但色调偏暗、偏灰、泛蓝,主要是晴水绿、油青、蓝水、墨绿色以及飘蓝花翡翠的"蓝花"部分。由于是主成分导致的自色,颜色相对会比较均匀(图 3-61)。

(4)石墨碳质致色,属于假色,不均匀。

图 3-60
钠铬辉石(铁龙生)构成的干青

图 3-61
墨翠观音,颜色均匀

当翡翠中出现弥散状细小石墨碳质分布时(图 3-62),由于碳质对光线的吸收,会使翡翠产生黑色,形成黑色翡翠。黑色的深浅和均匀性取决于碳质杂质的分布状态,碳质比较密集分布的为纯黑色,碳质少量分布的为灰黑—灰白色(图 3-63)。

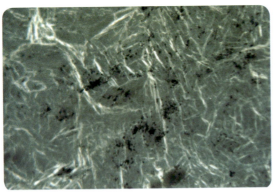
图 3-62
黑翡翠中弥散分布于硬玉矿物中的黑色碳质(薄片,X10)

图 3-63 黑翡翠

2. 次生色

翡翠次生色是由于近地表的翡翠原石经过风化剥蚀形成砾石状，并在山坡、河谷或湖泊中堆积，受地表水的氧化铁质或黏土质物质渗透浸染，在翡翠砾石表层形成的颜色。包括由氧化性铁质浸染形成的翡色（图3-64）和由还原性黏土质渗透形成的次生绿色（图3-65）。翡翠次生色属于外来物质渗透浸染产生的假色，主要呈丝网状分布于翡翠砾石的表层，在毛料中也称为"雾"。

图 3-64　翡色

1）由氧化性铁质浸染形成的翡色

出露于地表的砾石状翡翠在表生风化作用下，外来胶状氧化铁质褐铁矿（$Fe_2O_3 \cdot nH_2O$）沿翡翠砾石表层的微裂隙和矿物间隙往里渗透、浸染而产生的颜色（图3-66），包括黄翡和红翡（图3-67、图3-68）。

图 3-65　沿翡翠砾石周边分布的次生绿色

图 3-66　翡色有胶状氧化铁质沿翡翠颗粒间隙渗透所致（薄片，×10）

图 3-67　黄翡

图 3-68　红翡

黄翡：主要出现于残坡积翡翠砾石、水翻砂翡翠砾石和水石之中，与原生色之间为逐渐过渡关系（图3-69～图3-71）。为亮黄色、黄色、黄褐色，好的属于亮黄色的"鸡油黄"，以及主要出现在水石中的冰黄。

红翡：主要出现在水翻砂翡翠砾石之中，并且有明显的分带特征，由表层往里层依次为：黄砂皮—黄翡层—红翡层—次生绿色层—原生翡翠（图3-72）。

图 3-69

不规则残坡积翡翠砾石，翡色沿表层和开放性裂隙分布

图 3-70

由表及里直接渗透的黄翡

图 3-71

翡翠水石表层铁质浸染出现的黄色翡色皮层

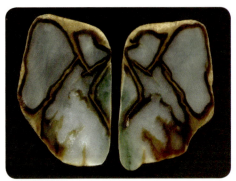

图 3-72

水翻砂翡翠砾石中的红翡层，有明显界线

2）由还原性黏土物质渗透产生的次生绿色

翡翠砾石长期浸泡于河流或湖泊之中，在还原性环境下（缺氧环境）周边的还原性胶结物——黑色淤泥会由翡翠砾石表层往内部渗透，在翡翠的微裂隙或矿物间隙之中充填了一些隐晶质—微晶质绿泥石类黏土物质（图3-73、图3-74），

图 3-73
绿泥石类黏土物质沿翡翠硬玉颗粒间隙渗透，构成丝网状（薄片，X10）

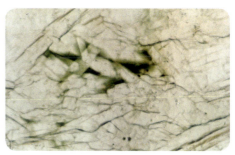

图 3-74
绿泥石类黏土物质沿硬玉矿物颗粒间隙渗透（薄片，X10）

并使翡翠砾石表层出现了次生绿色（图 3-75）。翡翠次生绿色主要是含有还原性的二价铁（Fe^{2+}）致色，绿色都显偏灰、偏暗、泛篮，但绿色部分比其它部分要显透明，与原生色之间往往都会有一明显的界线（图 3-76），表现为颜色深浅不一的次生油青和次生蓝水（图 3-77）。

图 3-75
次生绿色与原生色之间有一个明显界线

图 3-77
次生油青手镯

图 3-76
次生绿色部位比较透明，绿色偏灰

三、质　地

质地，也称"地""底"或"底瘴"。"底"即为衬底，以往的翡翠书中称为"底张"，而"张"应当是云南人发音的口误，应是读"瘴"。所谓"瘴"，是指瘴气，即亚热带丛林中弥漫的雾气，由于有雾气的存在，树林的清晰度会受到影响，即所谓"乌烟瘴气"（图3-78）。将"底瘴"引用于翡翠中，是形象地将绿色部分作为主体，其余部分当作衬托物来看待，形容翡翠中与翠绿色相衬的背景关系。质地包括了两方面内容：背景的颜色和背景结晶颗粒的粗细。

图3-78　森林中弥漫的瘴气

1. 背景的颜色

除绿色以外其他部分的颜色色调，即衬托绿色的背景颜色，也是翡翠的整体色调。当翡翠整体色调偏暗、偏灰时，称为"底灰"（图3-79）；当翡翠中有黑色癣或锈色出现时，称为"底脏"（图3-80）。

图3-79　底灰

图3-80　底脏

2. 背景结晶颗粒的粗细程度

背景结晶颗粒的粗细程度也就是翡翠的"质地"，是指翡翠绿色以外其他部分的矿物颗粒大小和结合的紧密程度，也是翡翠中矿物结晶颗粒的粗细程度和相互组合的结构特征。

当翡翠矿物结晶颗粒细小、质地细腻时，称为"底细"（图3-81）；当翡翠矿物结晶颗粒粗大、质地粗糙时，称为"底粗"（图3-82）。

图 3-81 底细　　图 3-82 底粗

组成翡翠中的硬玉矿物颗粒大小、相互结合的紧密程度和组合关系的不同，形成了不同的质地，反映到翡翠细腻程度和透明度方面也各不相同。因此，翡翠的质地是评价翡翠细腻程度和透明度的重要指标。

根据翡翠质地的好坏，质量由高到低大致可以把翡翠的质地划分为如下9类。

1）玻璃地

翡翠玻璃地清澈透明，犹如玻璃，无棉絮感、无颗粒感，肉眼看不到任何杂质，翡翠挂件从背面观察，正面的雕刻图案都可以清晰映透出来，是翡翠中最好的质地（图3-83）。

2）蛋清地

蛋清地也称为"鼻涕地"。类似于鸡蛋清，透明、细腻、均匀，稍有雾状的浑浊感，但在颜色和质地上都比较均匀、清淡（图3-84）。

图 3-83 玻璃地吊坠（传福珠宝提供）

图 3-84 蛋清地平安扣（伊贝紫珠宝提供）

3）冰地

冰地翡翠透明，次于蛋清地，内部有棉絮出现（图3-85）。犹如冰块一样，比较透明，但内部会有"冰渣"出现。冰地范围很广，只要有透明感、含有棉絮的都称为冰地，有高冰和一般冰地之分。

蛋清地、冰地中显油青和晴水绿的称为"油地"，与冰地一样，透明细腻，但颜色略显暗、偏灰，有油感，也称"冰油"（图3-86）。

图 3-85　冰地　　　　　　　　图 3-86　油地

4）糯化地

糯化地翡翠呈半透明，果冻状，均匀细腻，肉眼观察无颗粒感，油性足。

糯化地是将糯米做的糍粑来作为比喻的。"糯"即糯米糍粑，"化"是用糯米制作成糍粑、再经加热软化后的状态，比喻翡翠类似于被加热软化后的糍粑一样，质地细腻、半透明、类似果冻状、没有颗粒感、圆润富有油性的特征。

糯化地在白色、紫罗兰、绿色和翡色翡翠中都普遍存在，是比较常见的中高端翡翠品种（图3-87～图3-89）。

图 3-87　糯化地黄翡

图 3-88 糯化地红翡

图 3-89 糯化地

"藕粉地"是以调制成糊状的藕粉为象征的,与糯化地类似,为半透明果冻状,质地细腻均匀,无颗粒感,但颜色为紫罗兰色,也可以称为紫罗兰的糯化地(图 3-90)。

5)芋头地

芋头地类似于芋头,嚼起来细腻,但直观上可见有一些丝条和棉絮。品质次于糯化地,属于半透明,细腻圆润、但有少量棉絮和颗粒感出现的翡翠(图 3-91)。芋头地是翡翠中比较常见的质地种类,属于中档翡翠质地。

图 3-90 藕粉地

图 3-91 芋头地

6)豆地

豆地翡翠呈半透明—不透明，结晶颗粒感明显，结构松散，类似于一粒粒黄豆（图3-92）。豆地翡翠是中档—中低档翡翠中最常见的质地，分布广泛。

7)瓷地

瓷地翡翠呈不透明，结晶颗粒细密，质地细腻均匀，如陶瓷状，发干，不够圆润，没有油性（图3-93）。

图3-92 豆地

图3-93 瓷地

8)干白地

干白地翡翠不透明，结构粗糙，结晶颗粒粗大，颗粒感非常明显，质地疏松，无油性（图3-94）。干白地并非完全都是白色的，包括了各种颜色，只要是不透明，结晶颗粒粗大，油性差的翡翠都可称为"干白地"。包括了"石灰地""不透明的花青"和"干青"等。

9)狗屎地

狗屎地翡翠表现为不透明，颜色杂，结晶颗粒粗大，并有黑色"苍蝇屎"、斑块状"癣"

图3-94 干白地

或黄色锈丝等杂质瑕疵出现、完全无油润性的翡翠（图3-95）。"狗屎地"是翡翠质地中最差的种类，一般无法做料，大部分都被用于制作B货或B+C货处理翡翠。

图 3-95　狗屎地

翡翠的质地与翡翠内部硬玉矿物的结晶大小和相互组合关系有关。结晶颗粒小，呈纤维交织变晶结构或细粒交织变晶结构的翡翠，质地较好，显示玻璃地、蛋清地、冰地、糯化地（图3-96、图3-97）；结晶颗粒粗大、结构疏松、硬玉矿物界线分明，体现结晶结构的翡翠，质地较差，如芋头地、豆地、瓷地、干白地、狗屎地（图3-98、图3-99）。

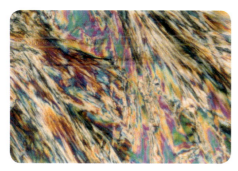

图 3-96
蛋清地翡翠：纤维状糜棱结构（X10+）

图 3-97
糯化地翡翠：硬玉的细粒放射状变晶结构（X10+）

图 3-98
芋头地：硬玉变晶结构（X10+）

图 3-99
干白地：硬玉的粗粒放射状变晶结构（X10+）

四、翡翠质量价值评估体系的建立

翡翠质量价值的评估，需要建立在一个完整的体系上，根据对翡翠颜色、质地的分类与描述，可以在此基础上建立一套切合实际、切实可行的质量价值评估体系。

首先，把翡翠质量档次划分为极高档、高档、中高档、中档、中低档和低档6个档次。"极高档"比较少见，属于高端收藏级别；"高档"属于市场常见的高端级别；"中高档"属于市场比较常见的较好级别；"中档"属于市场比较常见一般的级别；"中低档"属于市场比较普遍的偏低端的级别；"低档"属于质量差、比较低端的级别。

翡翠的质地也是衡量翡翠透明度的重要指标，也体现了翡翠质量的高低，表3-4为翡翠质地的质量价值评估体系。玻璃地、蛋清地、冰地属于透明的质地，质量较好，为中高档以上；属于半透明的质地为糯化地、芋头地和豆地，质量中高档—中档；属于不透明的质地为瓷地、干白地和狗屎地，质量为中低档以下。

表3-4 翡翠质地的价值评估体系表

质地\档次	透明度	极高档	高档	中高档	中档	中低档	低档
玻璃地	极透明	√					
蛋清地	极透明	√	√				
冰地	透明		√	√	√		
糯化地	半透明				√	√	
芋头地	半透明				√	√	
豆地	次半透明				√	√	√
瓷地	不透明					√	√
干白地	不透明					√	√
狗屎地	不透明						√

注：空白处为较少出现或几乎不会出现，后同。

结合翡翠的颜色，表 3-5 为绿色类颜色与质地相结合的质量价值评估体系。

表 3-5　翡翠绿色类颜色与质地综合质量价值评估体系表

种类＼质地	玻璃地	蛋清地	冰地	糯化地	芋头地	豆地	瓷地	干白地	狗屎地
祖母绿	极高档	极高档							
翠绿		极高档	高档	高档					
芙蓉绿		高档	高档	中高档	中高档				
老坑绿		高档	中高档						
阳豆绿		高档	高档	中高档	中高档	中档	中档	中低档	
豆青绿		高档	中高档	中高档	中档	中档	中档	中低档	
花青绿		高档	中高档	中高档	中档	中档	中低档	中低档	低档
干青绿							中档	中低档	低档
晴水绿	高档	中高档	中高档	中档	中档				
油青		中高档	中高档	中档	中低档	中低档	低档	低档	低档
蓝水		中高档	中高档	中档	中低档	中低档	低档	低档	低档
墨绿		中高档	中高档	中高档	中档	中低档	低档	低档	低档
次生油青			中档	中低档	中低档	低档	低档	低档	低档
次生蓝水			中档	中低档	中低档	低档	低档	低档	低档

（1）祖母绿主要出现在玻璃地和蛋清地的翡翠中，属于极高档。

（2）翠绿主要出现在蛋清地、冰地和糯化地翡翠中，为常见的高档翡翠，蛋清地中的翠绿色几乎可以接近祖母绿色。

（3）芙蓉绿主要出现于蛋清地和冰地，质量较好，属于高档次；出现于糯化地和芋头地中的属于中高档次。

（4）老坑绿主要出现在蛋清地和冰地中，以蛋清地质量最好。

（5）阳豆绿在高档—低档质量范围都有存在，在蛋清地和冰地中属于高档，在糯化地和芋头地中属于中高档，在豆地和瓷地中属于中档，在干白地以下为低档。

（6）豆青的绿色颜色略偏暗，高档—中高档翡翠中主要是蛋清地、冰地和糯化地；在芋头地、豆地和瓷地中为中档，在干白地以下为低档次。

（7）花青颜色不均匀，蛋清地、冰地和糯化地的花青属于高档—中高档；芋头地和豆地的花青为中档，瓷地以下不透明，为低档次。

（8）干青为不透明的绿色，质地都较差，主要出现在瓷地、干白地和狗屎地的翡翠中，属于中档以下。

（9）晴水绿颜色比较淡，只出现在质地比较好的种类当中，以蛋清地和冰地为多，属于中高档翡翠，少数玻璃地的可达高档，差一点的为糯化地和芋头地，属于中档，豆地以下不出现晴水绿。

（10）油青和蓝水达到蛋清地和冰地的属于中高档次，也称为"冰油"；糯化地的为中档，是比较常见的类型，芋头地和豆地的油青和蓝水属于中低档次，在瓷地以下不透明，皆为低档次。

（11）墨绿组成的即为"墨翠"，达到糯化地以上的都属于中高档，在芋头地属于中档，豆地以下棉絮会增多，属于低档次。

（12）次生油青和次生蓝水由于是外来物质渗透产生的次生绿色，质地细腻的翡翠外来物质很难渗透，因此冰地以上的质地难以出现次生绿色。次生绿色会受后期氧化泛黄，从而影响质量，所以不论质地再好，质量档次也不会太高，少数可出现冰地，属于中档次；在芋头地和豆地中为中低档次，不透明的瓷地以下皆为低档次的。

需要指出的是，翡翠颜色和质地综合质量价值评估体系仅仅是一个大概参考范围，并非严格标准，针对每一件翡翠，还需要针对颜色出现的多少、分布状况和质地相结合，综合考虑才能得出正确判断，也需要在市场上不断地对比与实践，才能更好地把握。

五、水

"水"又称"水头"，是衡量翡翠透明度的指标。"水"主要是衡量毛料的透光程度的指标，平常是利用强光电筒或台灯灯罩贴紧毛料表面，让光线透入翡翠内部，利用映射出光线的深浅程度来表现水的多少（图3-100）。

图 3-100　翡翠毛料利用透光程度判断的"水头"

通常有"几分水"之说。过去是以旧制的丈量单位"分"来衡量的，1寸=10分=3.33cm。目前基本按"厘米"（公分）来衡量。"七分水"以上水头比较好，表示比较透明，"六分水""五分水""四分水"水头中等，达到透明—半透明；"三分水""二分水"水头一般，半透明；"一分水"以下水头差，几乎不透明。

毛料上观察水头，还受擦口的大小和抛光好坏影响，需要区别对待；同时一般都需要在观察口抹上水，以增加翡翠表面的透光性，减少表面反光。

成品中称为"种水"，是透明度和质地细腻程度的综合表现。种水比较好的是玻璃地、蛋清地、冰地和糯化地（图3-101）；种水一般的为芋头地和豆地；种水较差的为瓷地、干白地和狗屎地（图3-102）。

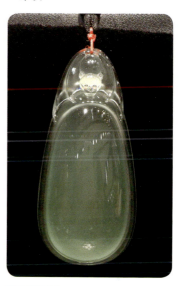

图 3-101　蛋清地翡翠，种水好

图 3-102　瓷地翡翠，种水差

六、瑕疵：棉、绺、裂、脏点、癣

瑕疵是指翡翠中存在的一些缺陷。包括了棉、绺、裂、脏点、锈色、癣等。"十宝九裂"，天然产出的翡翠多少都会存在一些缺陷，对翡翠的质量会有一定的影响，是翡翠质量的"减分项"，需要对瑕疵有一个清楚的认识。

1. 棉绺

棉绺是指翡翠中的白色雾状、片状、丝条状絮状物。翡翠中棉绺将影响到翡翠的透明度、颜色分布和均匀程度。又分为棉和绺。

（1）棉：雾状、片状、点状的白色絮状物（图3-103）。绿色翡翠存在棉，会影响颜色的均匀程度和鲜艳程度，尤其在戒面上出现会显得比较明显（图3-104）。

（2）绺：丝条状的絮状物，主要是翡翠形成过程中矿物结晶产生的晶间缝隙、生长纹路或愈合裂隙形成的丝条状棉絮，也称为"石纹""石筋"或"水纹"。绺对质量影响不大，但对翡翠的美观度会有一定影响（图3-105）。

图 3-103

翡翠的棉絮

图 3-104

戒面上存在棉絮使颜色不均匀

图 3-105

翡翠的绺，影响外观形象

翡翠棉绺的出现主要与翡翠中存在的絮状物有关，是翡翠中存在的一些矿物颗粒结合间隙、晶面空隙、微裂隙和细小杂质包裹体等在光线照射下，界面产生反光而出现的影像。根据絮状物的产出不同可分为结构棉和矿物棉；根据产出状态，又可分为三类。

(1) 微裂隙絮状物：翡翠中存在的微裂隙或愈合裂隙面反光产生的絮状物，往往呈丝条状出现（图 3-106）。

(2) 矿物间隙絮状物：翡翠中硬玉等矿物颗粒集合体边界和晶面结合空隙反光产生的絮状物，往往呈网格状出现，每一个网格也体现了每个硬玉矿物颗粒的轮廓（图 3-107）。

图 3-106 微裂隙絮状物（薄片，X10）　　图 3-107 矿物间隙絮状物（薄片，X10）

(3) 包裹体絮状物：翡翠中硬玉矿物形成过程中捕获的细小杂质或伴生的其他矿物包裹体界面反光形成的絮状物，往往呈雾状、团块状、点状出现（图 3-108）。

图 3-108 矿物包裹体絮状物（薄片，X10）

质地比较细腻的翡翠，如玻璃地、蛋清地、冰地和糯化地，结晶细致，结合紧密，微裂隙少，矿物间隙不发育，微裂隙絮状物和矿物间隙絮状物比较少，主要出现一些点状、团块状的包裹体絮状物，透明度好（图3-109、图3-110）。

图 3-109

冰种翡翠，微裂隙絮状物和间隙絮状物少，留有包裹体絮状物（薄片，X10）

图 3-110

含有点状棉团的冰种飘花翡翠

豆地、瓷地、干白地和狗屎地翡翠矿物结晶粗大，结合不够紧密，微裂隙絮状物、矿物间隙絮状物和包裹体絮状物都会大量出现（图3-111），导致颜色分布不均匀，透明度明显降低（图3-112）。

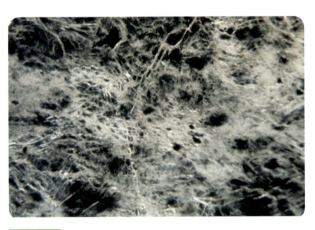

图 3-111

微裂隙絮状物、间隙絮状物和包裹体絮状物大量出现（薄片，X10）

图 3-112

含有各种絮状物的豆种翡翠

翡翠的翡色和次生绿色是由于次生的外来物质渗透所致，这将会掩盖一些微裂隙絮状物和矿物间隙絮状物，使得有翡色和次生绿色的部位透明度提高（图 3-113～图 3-116）。

图 3-113

翡色部位透明度也较好

图 3-114

红翡部位棉絮被掩盖，透明度较好（薄片，X10）

图 3-115

次生绿色，透明度增加，与原生白色有一明显界线

图 3-116

次生绿色会掩盖翡翠内部"絮状物"，使透明度增加（薄片，×10）

钠长石棉：在一些种水比较好、达到冰地的翡翠中，会存在一些点状、团块状的"棉絮"，棉团可大可小，但分布均匀，俗称"雪花棉"（图 3-117）。过去一直认为是翡翠硬玉矿物产生的"棉絮"，经研究发现，其实是一些由钠长石集合体

构成的"棉团",并非翡翠中的硬玉矿物所致,属于矿物棉。在显微镜薄片中观察,团块状钠长石与周围的硬玉矿物明显不同(图3-118),肉眼观察翡翠抛光面,在"棉团"位置可见明显凹坑(图3-119),说明钠长石硬度略低于硬玉矿物。钠长石棉基本上都是在质地为糯化地以上的翡翠中才会出现,这些翡翠种水都比较好,包括墨翠之中也会出现(图3-120)。翡翠市场上也将含有钠长石棉的冰种翡翠称为"木那"种(图3-121),认为是质量好的翡翠种类,其实是一种误解,如果钠长石棉团过大或过多,会对翡翠质量产生一定的影响。

图 3-117

冰种翡翠中均匀分布的团块棉

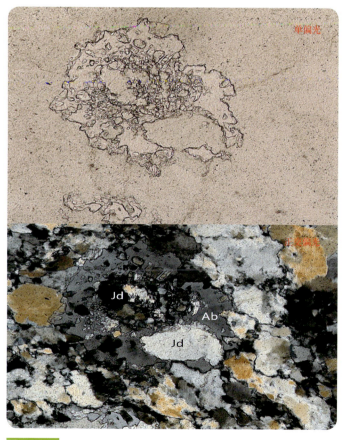

图 3-118

偏光显微镜下钠长石团块(×25)

图 3-119
冰种翡翠中的钠长石"雪花棉",由于硬度低抛光面上可见明显凹坑

图 3-120
墨翠毛料中出现的钠长石"雪花棉"

图 3-121
具有钠长石"雪花棉"的翡翠吊坠

翡翠硬玉矿物中也会出现"雪花棉"(图 3-122),是由早期结晶颗粒粗大的硬玉矿物受后期重结晶细晶化以后留下的残余(图 3-123),属于结构棉,往往呈不规则团块状、棉絮状、棉渣状出现,大小不一,并有定向性(图 3-124),这与钠长石的圆团状"雪花棉"大小一致、呈均匀弥散状分布有所不同。

图 3-122

绿色翡翠中由早期白色硬玉矿物残余形成的"结构棉"

图 3-123

翡翠中硬玉矿物重结晶产生细晶化,残留有大颗粒硬玉矿物残余(X10+)

图 3-124

翡翠中不同期次硬玉矿物构成的雪花状"结构棉"

2. 裂

裂是指翡翠在形成过程或开采、加工过程中产生的破裂，往往呈不规则面状或线状出现（图3-125）。

裂对翡翠的质量影响比较大，应尽量避免。翡翠成品有裂时，在反光表面可以看到一条沟槽状纹路（图3-126），用指甲刮划会有阻塞感；在透射光下，光线在裂面一侧无法穿透，会出现明暗分明的界线（图3-127）。

图 3-125　翡翠毛料中出现的裂

图 3-126　翡翠的裂在表面表现的纹路

图 3-127　翡翠的裂隙在透射光下显示两侧明暗不同

3. 脏点

脏点是指翡翠中存在的黑色点状杂质或锈色。

黑色点状杂质主要是呈点状分布于翡翠中的铬铁矿、磁铁矿或赤铁矿等氧化矿物，以及少量分布的碳质，俗称为"苍蝇屎"（图 3-128）。如果黑点是以较多的石墨类碳质出现，则构成黑翡翠（图 3-129）。

图 3-128　翡翠手镯中的"苍蝇屎"黑点

图 3-129　黑色碳质富集形成黑翡翠

　　锈色是翡翠中少量点状、丝条状氧化铁质浸染形成（图 3-130），或者是由次生绿色再氧化形成（图 3-131），如果氧化铁质是整体成片、面状出现，便是翡色（图 3-132）。

图 3-130　黄色"锈丝"

图 3-131　次生绿色氧化形成的锈色

4. 癣

翡翠中出现的黑色斑块状角闪石矿物，由于硬度低，抛光也不亮，俗称为"癣"（图3-133）。

图 3-132 翡色

图 3-133 翡翠中出现的黑色"癣"

癣与深色的飘蓝花容易混淆，区别是："癣"的硬度低，抛光面的光泽不亮，显得比较毛糙；飘蓝花抛光面光亮平滑，与周边翡翠一致（图3-134）。

图 3-134

飘蓝花翡翠（上）和翡翠中的"癣"（下）

七、种

"种"是对翡翠类型的综合性划分,综合了翡翠的颜色、质地和水头等各种因素,根据强调的角度不同,有不同的划分类型。有强调质地的种,有强调颜色的种,也有同时强调质地和颜色的种。

强调质地的种:玻璃种、冰种、糯种。

强调颜色的种:芙蓉种、金丝种、花青种、油青种、蓝水种、紫罗兰种、黑翡翠、墨翠和飘蓝花等。

同时强调质地和颜色的种:豆种、马牙种、白底青种、干青种等。

1. 强调质地的种

以质地为种类划分,颜色可以多样,包括玻璃种、冰种、糯种。

(1)玻璃种。指质地具有玻璃地或蛋清地的翡翠。其特点为完全透明,质地细腻,几乎没有任何杂质,是质量比较好的翡翠种类(图3-135)。玻璃种颜色可以多样,有绿色、白色、紫色、翡色等,莹光也比较明显。如果颜色是祖母绿色,质地为玻璃地的,称为"老坑玻璃种"(图3-136),是翡翠的上品。

图3-135　玻璃种翡翠观音

图3-136　老坑玻璃种戒面

"老坑"是指开采时间比较长的翡翠矿场。因为缅甸翡翠绝大部分都是露天开采,开采时间久远的矿场都形成了一个巨大的矿坑(图3-137),其中往往会挖出一些质量比较好的翡翠,后来人们就把质量好的翡翠比喻为"老坑"或"老坑种",最好的称为"老坑玻璃种"。

图 3-137　缅甸帕敢翡翠矿

(2)冰种。冰地,透明或半透明,透明类似冰块,质地细腻,内部多少都会有一些"棉絮",但颜色可以多样,有绿色的、紫色的、翡色的和白色的等。冰种的范围比较大,含"棉絮"少、透明度高的市场上叫"高冰种"(图3-138);也有"棉絮"多,仍然透明的冰种(图3-139)。

(3)糯种。质地为糯化地的翡翠,颜色也特别丰富,有翠绿色、油青色、翡色、白色、紫罗兰等,糯种颜色都比较均匀,质地细腻,半透明,没有颗粒感,看不到"棉絮"(图3-140)。

图 3-138　高冰种

图 3-139　"棉絮"多的冰种

图 3-140　糯种

2. 强调颜色的种

以颜色为种类划分依据，相同颜色的种可以有不同的质地，品质也各有不一。

（1）芙蓉种。强调颜色为芙蓉色，比较清淡、均匀、鲜艳、绿色偏黄味的翡翠（图3-141）。芙蓉种的质地往往是蛋清地或冰地，比较细腻透明。

（2）金丝种。强调颜色为丝条状的阳豆色（图3-142），颜色比较鲜艳，俗称"色辣"。质地各异，有玻璃地、蛋清地、冰地（图3-143）、芋头地（图3-144）、糯化地或豆地等，质量也各有不同。

图 3-141 芙蓉种（伊贝紫珠宝提供）

图 3-142 金丝种

图 3-143 冰地金丝种

图 3-144 芋头地金丝种

（3）花青种。强调绿色颜色的深浅不一，逐渐过渡，深的可以深到发黑，透射光下仍然显示出鲜艳翠绿色（图 3-145），可以有不同的质地。不同质地的花青种，价值也不同。

（4）油青种。强调油青色，即灰绿色、暗绿色。有两种成因：

（a）原生油青种：由含二价铁的绿辉石所致，颜色比较均匀，具有不同的质地，比较好的如蛋清地、冰地，称为"冰油"（图 3-146），也有糯化地、芋头地和豆地的油青种（图 3-147）。

（b）次生油青种：由次生含绿泥石类的黏土质物质沿着翡翠原石表层往里渗透所致。在中低档质地（如豆地、瓷地、干白地、狗屎地）的翡翠中常见。次生油青种在自然光下，油青色与原生白色间有一明显界线，但在透射光照射下界线会消失，颜色也会变淡，称为"见光死"（图3-148）。

图 3-145　花青种

图 3-146　蛋清地油青种

图 3-147　糯化地油青种

图 3-148　次生油青种（左），透射光下，"见光死"，颜色消失（右）

（5）蓝水种。强调蓝水的颜色，即蓝绿色、蓝灰色（图3-149）。同样有原生蓝水种和次生蓝水种之分。

图3-149 原生蓝水种摆件

原生蓝水种主要是含有绿辉石，与原生油青种类似，但色调绿中偏蓝（图3-150），质地有各样，但以糯化地为多，细腻圆润，油性强，颜色分布均匀，可作细致的雕刻，往往做方牌或手把件（图3-151）。

图3-150 油青种（左）与蓝水种（右）

图3-151 原生蓝水种观音

次生蓝水种成因与次生油青种一致，偏蓝味，质地粗，颜色绿中偏蓝味且呈丝网状分布（图 3-152），也有"见光死"特征。

目前市场上出现比较多的危地马拉蓝水料，特征是颜色蓝黑色、蓝绿色，可带有黄皮，内部含有较多呈点状、团块状分布的钠长石雪花棉团，并呈定向分布（图 3-153、图 3-154）。

图 3-152

次生蓝水种（左一）和次生油青种翡翠手镯

图 3-153

危地马拉蓝水种，有黄翡和定向分布"棉絮"

图 3-154

危地马拉蓝水种，有钠长石雪花棉团

（6）飘蓝花种。强调的颜色是深绿色—蓝绿色，呈丝条状分布的飘蓝花（图 3-155）。与金丝种不同的是金丝种的绿色颜色为硬玉矿物含铬（Cr）致色，绿色为丝条状的阳豆色，颜色鲜艳；飘蓝花的绿色是由绿辉石致色，绿色偏暗泛蓝。飘蓝花种的质地有各种各样，最好的为冰种飘蓝花，可以达到冰地、蛋清地，甚至玻璃地，透明的飘蓝花犹如天空中仙女飘舞的丝绸带，比较灵动（图 3-156）；半透明糯化地的飘蓝花犹如山间云雾苍松，绿色若隐若现，似一幅山水画卷，让人浮想联翩（图 3-157）。

图 3-155 飘蓝花

图 3-156 冰种飘蓝花

图 3-157 糯化地飘蓝花

(7)紫罗兰种。强调紫罗兰颜色,可以是茄紫色、粉紫色或粉红色(图3-158),不同种类有不同的质地。

茄紫色紫罗兰种质地、种水普遍要好,以糯化地为主,并可出现冰地、蛋清地(图3-159),同时,紫罗兰飘蓝花翡翠和撒黄金翡翠基本是茄紫色的,这可能与其中所含二价铁(Fe^{2+})成分有关。

粉紫色紫罗兰种大部分都是结晶颗粒比较粗大的类型(图3-160),所谓的"十椿九垮"主要是指粉紫色紫罗兰种,使得达到冰地以上透明的粉紫色紫罗兰种十分少见,也比较珍贵。

粉红色的紫罗兰种主要以芋头地和糯化地的类型出现,结晶颗粒相对细腻,该类型市场上比较少见(图3-161)。

图 3-158 紫罗兰种

图 3-159 茄紫色紫罗兰戒面

图 3-160 结晶颗粒粗大的粉紫色紫罗兰翡翠

图 3-161 粉红色紫罗兰翡翠手镯

(8) 撒黄金:"撒黄金"又称为"撒金黄",是翡翠中出现一点点的翡色,大部分撒黄金都出现在紫罗兰种翡翠中,且与茄紫色紫罗兰种关系密切(图3-162、图3-163)。

图 3-162

茄紫翡翠的"撒黄金"

图 3-163

"撒黄金",与茄紫色翡翠相关

(9) 黑翡翠。强调颜色为黑色—灰黑色,也称"乌鸡种"(图3-164)。灰黑色或灰白色的翡翠也称为"香灰种"。黑翡翠为翡翠中含有弥散状态分布的细小碳质所致,肉眼观察为黑色、灰黑色或灰白色;透射光下同样也是黑色。质地有各种各样,大部分是芋头地、豆地、瓷地、干白地,基本都是不透明,结晶颗粒也比较粗,最好的可以达到冰地以上。

颜色不均匀的黑翡翠往往类似于水墨画,有云、有雾、有山、有水,形成一幅美妙的山水画卷,留给人丰富的想象空间(图3-165)。

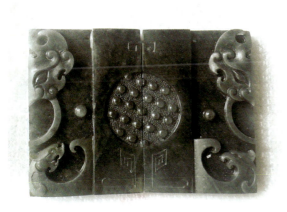

图 3-164

黑翡翠龙凤牌

图 3-165

水墨画图案的黑翡翠圆牌

（10）墨翠。强调颜色在自然光下呈黑色，透射光下却是绿色的翡翠种类（图3-166）。

墨翠过去称作"墨玉"，由于新疆产的和田玉和辽宁的岫玉等都有墨绿色的品种，也都称为"墨玉"，后将墨绿色翡翠改称为"墨翠"，加以区别。

墨翠毛料的产出属于翡翠次生矿的上层石，接受强烈的风化剥蚀，石料都不大，比较致密，表面有明显的风化刻蚀纹，且都是质量比较好的部位被保留下来（图3-167）。由于石料比较小，不能做手镯，最初用于像宝石一样加工成刻面型的薄片状戒面，称为"广片种"（图3-168），价值不高。后来人们发现墨翠的质地特别细腻，可以与和田玉相媲美，容易进行细致雕刻，用以制作一些男士佩戴的龙牌、观音等方牌挂件非常特别（图3-169），也可以进行镶嵌，做一些镶嵌首饰，墨翠与金属黑白分明，反差较大，比较迎合时尚风格（图3-170），普遍受到了欢迎，使得墨翠的价值得到了提升。墨翠有不同的质地，较好的为冰地，以糯化地为多，质量差的有芋头地、豆地、瓷地等。质量好的墨翠要求自然光线下为纯黑色，无棉绺絮状物，透射光下质地细腻，透光性好，无杂质，颜色均匀；反之，质量差的墨翠在透射光下透明度差、有棉絮出现，自然光下表面也可出现较多白色棉絮（图3-171）。

图 3-166　墨翠

图 3-167　墨翠毛料

图 3-168　墨翠磨制的广片种戒面

图 3-169

墨翠龙牌

图 3-170

墨翠的时尚镶嵌吊坠

图 3-171

品质好的墨翠无颗粒感,均匀通透(左);品质差的墨翠内部颗粒感明显,局部透明,不均匀(右)

3. 同时强调质地和颜色的种

既强调了颜色特征，同时也强调了质地特征的翡翠种类。

（1）豆种。强调两个不同层面的豆种。

（a）强调颜色是豆色的豆种。颜色为阳豆色或豆青色，分布不均，属于 Cr 致色，比较鲜艳，具有不同的质地，包括蛋清地、冰地、糯化地、芋头地和豆地等（图3-172、图3-173）。颜色呈丝条状分布的称为"金丝种"（图3-174）。

图3-172

图3-173

冰地—糯化地的阳豆色（左下）和豆青色戒面　阳豆色芋头地豆种玉扣

图3-174　芋头地金丝种

（b）强调质地是豆地的豆种。质地为豆地，颗粒感明显，半透明；颜色可以多样，包括白色、绿色和紫色等，可以均匀或不均匀（图3-175、图3-176）。

豆种范围很广，有细豆和粗豆之分，也有"十有九豆"之说，质量取决于颜色分布的均匀性和质地细腻程度（图3-177）。

（2）马牙种。颜色为白色，质地为瓷地的翡翠，细腻无颗粒感，但不透明，犹如马牙一般（图3-178）。"马牙种"的名称应当来自于早期玉石商人，因从翡翠产出地需要通过马帮来托运翡翠毛料，经常与马打交道，也就把马牙的特征形象地比喻到翡翠上了。

图 3-175　豆色豆地的豆种

图 3-176　豆色豆地的豆种观音

图 3-177　同为芋头地豆种，价值看颜色多少及色调

图 3-178　马牙种

（3）白底青种。质地为瓷地，细腻不透明，底子为白色，但局部有阳豆绿色出现（图3-179）。细腻白色的底子上配有鲜艳的绿色，绿白分明，颜色反差大，有"一清二白""清清白白"之意。

（4）干青种。质地为干白地，颗粒粗，不透明，颜色为满绿色的翡翠（图3-180）。其中包括了"铁龙生"，由于透明度差，需要切割成薄片进行镶嵌，才能做成首饰（图3-181）。

图3-179　白底青种

图3-180　干青种

图3-181　"铁龙生"翡翠镶嵌吊坠

翡翠的种只是代表了种类的含义，真正质量的评价体系还得看颜色和质地，相同的种，颜色不同、质地不同，质量也不一样，需要区别对待。

第四讲
翡翠的鉴别

一、翡翠 A、B、C 货和 B+C 货的划分

市场上的翡翠可分为天然翡翠和人工处理翡翠两大类。

天然翡翠是指翡翠只经过了人工切磨、雕刻与抛光等制作过程、翡翠的内部结构和性质没有受到人为破坏、具有保值意义的有天然翡翠制品。

人工处理翡翠是指翡翠经过了人为强酸侵蚀、染色或注胶处理，处理过程中有物质的带入或带出，内部结构也受到了破坏的翡翠制品。因此，只具有一定的装饰意义，不具备任何保值性。珠宝市场上把天然翡翠称作"A 货翡翠"，人工处理翡翠分别称为"B 货翡翠""C 货翡翠"或"B+C 货翡翠"。

A 货翡翠：只经过了切割、雕刻和抛光，未经其他人工处理的天然翡翠制品（图 4-1）。

B 货翡翠：经过了人工强酸侵蚀和注胶处理的翡翠制品（图 4-2）。

C 货翡翠：经过了人工染色处理的翡翠制品（图 4-3）。

B＋C 货翡翠：经过人工强酸侵蚀、染色和注胶处理的或者是经过强酸侵蚀和注有色胶处理的翡翠制品（图 4-4）。

图 4-1 A 货翡翠（伊贝紫珠宝提供）

图 4-2 B 货翡翠

图 4-3 C 货翡翠

图 4-4 B+C 货翡翠

二、A 货翡翠的特征

颜色：比较丰富，按种类可分为绿色、紫色、白色、黑色、翡色和组合色六大类；按成因可分为原生色和次生色。原生色有白色、绿色、紫色、黑色等，颜色有形，有色根（图4-5）；次生色主要是翡色、次生绿色（次生油青和次生蓝水），颜色发散，无色根（图4-6）。

图 4-5

天然翡翠原生绿色有色根

图 4-6

次生绿色

透明度：有透明、半透明和不透明，看翡翠的质地与种水的好坏，往往有绿色和翡色的部位透明度相对要好（图4-7）。

图 4-7　天然翡翠，绿色部位比较透明

光泽：玻璃光泽，折射率为 1.66，比较明亮，抛光面有镜面反光。

相对密度：3.32～3.34，手拿有明显的坠手感。

硬度：6.5～7，相对较硬，抛光面光滑，不见划痕。

结构：交织结构，结构紧密。

敲击：似金属声，清脆响亮，质地好的明显有回音。

三、B货、C货与B+C货翡翠特征

1. B货和B+C货翡翠的制作过程

（1）选料：一般选用结晶颗粒较粗、水头差、结构松散、质地粗糙且价格便宜的翡翠毛料，往往是赌石赌垮的料，俗称"砖头料"（图4-8）。

（2）粗加工：将翡翠毛料进行粗加工，切割成板片状，以方便后期强酸侵蚀和注胶处理可以充分渗透到内部。手镯可制作出手镯半成品（图4-9），并用铁丝加固，以防后期强酸侵蚀过程中遭腐蚀而散开（图4-10）。

图 4-8 赌垮的翡翠毛料

图 4-9 粗加工

图 4-10 铁丝加固

（3）强酸侵蚀：利用浓硫酸浸泡，溶解翡翠中的氧化铁等暗色、锈色杂质成分，并使微裂隙处于开放状态，一般强酸浸泡5～7天，俗称"漂白"（图4-11）。

（4）清洗：将强酸侵蚀后的翡翠料取出，用清水冲洗干净，并晾干。

图 4-11 强酸侵蚀后的手镯料

（5）染色：B+C货翡翠可以利用染料对被强酸侵蚀过的翡翠进行局部或整体染色，或者直接将染料加入有机胶中充填。

（6）注胶：将清洗干净后（B货）或染色后（B+C货）的翡翠浸入加热熔化的有机胶中，并在密封状况下抽真空，在负压状态下将翡翠内部的空气排除，并使有

图 4-12 注胶后的手镯料

机胶充分地注入翡翠之中，达到掩盖微裂隙和提高透明度的目的（图4-12）。

(7)打磨抛光：将注胶后的翡翠取出，除去表面的有机胶质，再打磨、抛光制作成为 B 货或 B+C 货翡翠成品（图 4-13）。

(8)浸蜡：将抛光好的 B 货或 B+C 货翡翠成品浸入熔化的石蜡液中浸泡 3～5 分钟（图 4-14），取出待冷却后，剥离表面

图 4-13　打磨抛光

附着的蜡，再用毛巾擦拭光亮（图 4-15），即为最终 B 货或 B+C 货翡翠产品（图 4-16）。浸蜡是起到一个"密封"效果，使内部水分不会失去，同时也可以增加光亮度，这在天然翡翠制品的保养中也会使用到。

图 4-14　浸蜡

图 4-15　擦亮

图 4-16

最终 B 货翡翠手镯

B 货和 B+C 货翡翠产品由于经过强酸侵蚀，内部结构遭到破坏，已经失去了天然翡翠的原有特征，在佩戴一段时间后，有机胶会老化而失去光泽和变黄，染的颜色也会逐渐褪去，不具备任何保值意义。

2. B 货翡翠的鉴别特征

B 货翡翠是经过人工强酸侵蚀和注胶处理的翡翠制品，在市场上也称"经漂白注胶处理翡翠"。主要鉴别特征如下：

(1)直观泛白：直观上整体泛白，有雾感，浑浊不清。

(2)反光点发散：光泽不亮，反光点发散（图 4-17）。

图 4-17

A 货翡翠（左）与 B 货翡翠（右）

（3）表面酸蚀纹特征：利用放大镜观察，抛光表面有明显蜘蛛网状酸蚀纹特征。在反光面上观察表现为网格沟槽状的"酸蚀纹"；在反光明暗交界的暗面一侧观察为白色丝网状的"蜘蛛网纹"（图 4-18）。

（4）有机胶充填：裂隙或凹槽处会有有机胶充填，光泽明显偏暗（图 4-19）。

（5）敲击声：敲击声音沉闷，不够清脆，无回音。

（6）有紫外荧光：紫外荧光灯照射有机胶会显示明显荧光。

图 4-18

B+C 货翡翠反光面上表现的"酸蚀纹"特征，阴暗面为"蜘蛛网纹"特征

图 4-19

B 货翡翠裂隙中有有机胶充填

3. 染色翡翠（C 货翡翠和 B+C 货翡翠）

染色翡翠包括了由染料直接染色的 C 货翡翠和经强酸侵蚀、染色、注（有色）胶的 B+C 货翡翠两类。

1）C 货翡翠

利用有色染料直接染色，有如下类型：

（1）表面轻微染色。由于翡翠材质比较致密，染料很难完全渗透到内部，会将翡翠手镯或赌石毛料抛光面用植物染料浸泡或涂抹，此时染料只是附着在表层，称为"表面轻微染色"（图4-20）。染色颜色一般为浅绿色和浅紫罗兰色，仅限于翡翠成品的表层淡淡的颜色，经清洗后大部分颜色可以被洗去，使得有的成品也可以出具天然翡翠证书。由于绿色染料类似于绿色的氧化铬（Cr_2O_3）抛光粉，在市场上也被称为"抛光粉染色"。

（2）淬色。将翡翠成品进行加热，并快速投放于有色染料溶液之中，由于翡翠的热胀冷缩，会使表面产生许多细小的裂隙，染料也沿着裂隙渗透进去而达到染色的目的（图4-21）。

图4-20　表面轻微染色

图4-21　淬色染紫色手镯

2）B+C货翡翠

经过强酸侵蚀，再进行注胶染色的翡翠。有两种方式。

（1）多色染色。翡翠半成品经过强酸侵蚀后，除去内部氧化铁等杂质，内部结构也变得疏松，再利用染料进行分段染色，不同部位染不同的颜色，以模仿多色翡翠的颜色，最后再经有机胶充填，形成B+C货翡翠（图4-22）。多色颜色的B+C货翡翠可以模仿"春带彩""福禄寿""黄加绿""飘蓝花"等翡翠类型。

图4-22　多色染色

（2）单色染色。翡翠经过强酸侵蚀后，再用加有颜料的有色胶充填，形成单一颜色的B+C货翡翠成品（图4-23）。单色染色往往会模仿质量好的高色料天然翡翠，在市场上也经常冒充所谓的"清朝老玉"（图4-24）。

图 4-23　单色染色，B+C 货

图 4-24　模仿"清朝老玉"的 B+C 货翡翠手镯

4. C货和B＋C货翡翠鉴别特征

（1）颜色发散，"见光死"。染色翡翠颜色属于假色，是外来染料显示的颜色，颜色在裂隙、颗粒间隙中较为集中，呈丝网状分布（图4-25），颜色无根，发散，有飘浮感（图4-26），透射光下颜色变淡或散去，称为"见光死"；A货翡翠颜色属于自色或他色，是矿物颗粒本身发出的颜色，颜色有形有色根，透射光照射绿色部位不发散，反而会更加鲜艳（图4-27）。

图 4-25　B+C 货翡翠颜色呈丝网状

图 4-26　B+C 货翡翠颜色无色根，发散

图 4-27　A 货翡翠的色根

（2）颜色色调偏黄味。C 货或 B+C 货翡翠染绿色色调偏黄味，时间久了颜色也会氧化泛黄，尤其在颜色边沿更为明显；A 货翡翠绿色色调偏蓝味。染绿色与原生绿色叠加会出现色调不同的"色上加色"现象（4-28 图）。

图 4-28　染色翡翠"色上加色"现象，天然色偏蓝，染色偏黄

（3）表面出现酸蚀纹。B+C货染色翡翠往往是经酸处理后再染色，表面会出现酸蚀纹特征；A货翡翠表面出现橘皮纹特征。

（4）不同颜色没有叠加。多色染色往往分段染色，不同颜色不会叠加，各为一段（图4-29）；天然翡翠次生的翡色会叠加于原生绿色之上，原生色有色根，如黄加绿翡翠，黄翡叠加于绿色之上，绿色有色根（图4-30）。

图 4-29

B+C货翡翠颜色不会叠加

图 4-30

天然黄加绿翡翠，绿色上叠加了翡色

（5）表面轻微染色。主要是染浅绿色和浅紫色，绿色偏黄味，紫色偏粉红（图4-31），颜色呈丝网状附着于表面（图4-32），经清洗后颜色变淡。利用放大观察，在表面坑点或沟槽部位仍然可见颜色沉积（图4-33）。

图 4-31 表面轻微染色（抛光粉染色）手镯

图 4-32 表面轻微染紫色染料呈丝网状分布

图 4-33　紫色染料分布于坑点沟槽中

（6）染色翡翠与次生色翡翠区别。染色翡翠与次生绿色都是外来物质渗透浸染形成的颜色，也都为丝网状分布（图4-34），两者十分相似（图4-35），主要区别特征见表4-1。

图 4-34　染色（左）与次生绿色（右）翡翠均呈丝网状分布

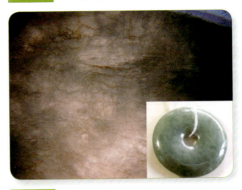

图 4-35
次生油青色翡翠表面出现的丝网状黄色氧化"锈丝"

图 4-36
B+C 货翡翠（左）和次生绿色翡翠（右）

表 4-1 染绿色翡翠（C 货、B+C 货）与次生绿色翡翠区别表

特征	染绿色翡翠	次生绿色翡翠
色调	艳绿色或油青绿色，颜色鲜艳	油青、蓝水、偏灰、泛蓝，色杂不均匀，表面氧化会出现黄色"锈丝"（图 4-35）
分布	分布均匀，集中于表层，有漂浮感，与白色部位呈逐渐过渡	分布不均匀，深入内部，与白色部位有明显界线（图 4-36）
透明度	有色和无色部位透明度一致	次生色有色部位透明度要好
其他	反光弱，抛光表面出现酸蚀纹特征，敲击声音沉闷	反光强，抛光表面出现橘皮纹特征，敲击声音清脆，金属声

四、翡翠鉴定技巧

在市场上，对翡翠真假的鉴别不可能借助太多的仪器设备来进行，最重要的是能否通过我们的眼、手和耳来快速地识别。在此，凭借眼感、手感和耳感（视觉、触觉和听觉）就显得非常重要，是翡翠市场鉴定的重要技巧。

（一）眼感——视觉

1. 看颜色的"正"与"邪"

翡翠最重要的颜色是绿色，看颜色的"正"与"邪"是观察绿色的色调、形状和分布特征。

A 货翡翠的"正"：翠绿色颜色比较活，有色根，分布不均匀，用透射光照射观察，绿色部位鲜艳、有形，不会变化和消失，绿色与白色部位的界线分明，绿色有形有色根（图 4-37）。

图 4-37　透射光下天然翡翠的色根

C 货或 B+C 货翡翠颜色的"邪"：颜色过于死板，无形发散，没有色根，颜色集中于翡翠表面，有漂浮感，放大观察颜色主要呈丝网状分布于裂隙和颗粒缝隙之中；有色和无色部位的界线不明显，呈逐渐过渡状；透射光照射颜色会变淡、发散或消失，为"见光死"（图 4-38），染色翡翠时间长久绿色会变浅、泛黄。

图 4-38　B+C 货翡翠，颜色发散

2. 看透明度

A货翡翠透明度不均匀，绿色部位较白色部位质地细腻，"棉絮"相对要少，透明度要好，整体显得比较清彻透亮（图4-39），即所谓"龙到处有水"，"龙"是指绿色的条带，"水"即种水，表现为透明，意为有绿色的地方种水都比较好。

B货和B+C货翡翠整体有雾感，发蒙，浑浊不清（图4-40），透明度各处一致，"棉絮"多，白色部位由于强酸侵蚀和注胶会显得比绿色部位的透明度还要高（图4-41）。

图4-39

A货翡翠绿色部位比较透明，绿白界线分明

图4-40

A货翡翠光泽明亮，"棉絮"少（左）；B+C货翡翠光泽相对不够明亮，"棉絮"多（右）

图 4-41
B 货翡翠白色部位偏灰且透明

3. 看白色部分色调和分布的均匀性

A 货翡翠白色部位比较白，分布不均匀，透明度各异；B 货和 B+C 货翡翠由于注过胶，白色部位不够白，偏灰显油性，且过分均匀，各处透明度一致（图 4-42）。

图 4-42
A 货翡翠透明度不均匀，白色部位较白（左）；B 货翡翠透明度一致，白色部位偏灰（右）

4. 看表面光泽和光滑程度

A货翡翠光泽明亮，反光点比较明锐、集中，明暗界线清晰，表面光滑圆润整洁；B货和B+C货翡翠光泽不强，反光点不够明锐，明暗界线不清晰，表面有酸蚀纹而显得毛糙（图4-43），比较透明的翡翠在灯照下反光点周边还可见到许多细小星点状的"苍蝇翅"鳞片状闪光（图4-44），形象地比喻为"众星捧月"。

图 4-43

A货翡翠光泽明亮，清澈透明（右）；B+C货翡翠光泽不够明锐，有雾感，显浑浊（左）

图 4-44

B货和B+C货翡翠反光点周围有星点状"苍蝇翅"闪光

5. 看内部结构

在透射光下观察同样透明度的翡翠具体表现如下。

A货翡翠结构细腻，"棉絮"较少，比较均匀；B货和B+C货翡翠结晶颗粒粗大，结构松散，"棉絮"较多（图4-45）。

图4-45 透射光下A货翡翠"棉絮"较少（左）；B+C货翡翠"棉絮"较多（右）

6. 看莹光

莹光是指透明的翡翠在光线照射下，表面饱满的轮廓边沿会泛出一道白色亮光（图4-46），这是由于透明的翡翠在弧面饱满的情况下，犹如透镜聚光效果一样，加上内部细小"棉絮"的漫反射作用，会从翡翠内部反射出亮白色的光，俗称为"莹光"。莹光一般都是在透明度较好且比较饱满、呈弧面的翡翠中才会出现，如玻璃地、蛋清地和冰地的翡翠。天然翡翠与处理翡翠的莹光特征是不一样的。

图4-46 A货翡翠水头好的手镯弧面饱满部位会泛出"莹光"

A货翡翠出现的莹光以白色偏黄味为特征（图4-47）；B货和B+C货翡翠产生的莹光白里泛蓝色调或带紫色调，整体色调一侧显蓝白色，另一侧显烟熏黄色（图4-48）。在边沿轮廓部位"莹光"特征会显示比较明显（图4-49）。

图 4-47

透明 A 货翡翠玉扣周边泛出白色带黄色调"莹光"

图 4-48

B+C 货翡翠一侧泛出的蓝白色"莹光",另一侧泛出"烟熏黄"色调

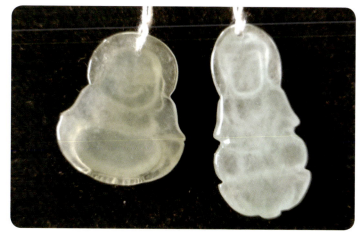

图 4-49

A 货翡翠佛(左)显示白里泛黄"莹光";B 货翡翠观音(右)显示白里泛蓝"莹光"

7. 看内部干净程度

A 货翡翠由天然形成，内部多少都会含一些杂质，如氧化铁和铬铁矿等成分构成的黑色脏点状"苍蝇屎"，或出现由次生绿色氧化产生的黄色—黄褐色的次生"锈丝"，"棉絮"分布不均匀等（图 4-50）。

图 4-50　A 货翡翠表面由于次生色氧化出现的黄色"锈丝"

B 货和 B+C 货翡翠由于经过强酸侵蚀，表面的氧化铁质和锈丝等杂质都会被浸泡除去，会显得比较干净，看不到黑点杂质和黄色"锈丝"（图 4-51）。

图 4-51　A 货翡翠含有黄色"锈丝"（左），B 货翡翠比较干净（右）

因此，一般看到有黄色"锈丝"的翡翠，基本上是未作处理的天然翡翠。

8. 看翠性的表现形式

"翠性"是指组成翡翠的辉石类矿物（硬玉、绿辉石、钠铬辉石等）颗粒大小及其相互组合关系的直观表现。所谓直观表现，就是肉眼看到的特征，这在翡翠的鉴别中相当重要。

"翠性"可以有三种表现形式："苍蝇翅"、"橘皮纹"和"絮状物"。

1)"苍蝇翅"

翡翠毛料在自然破裂或人工切割破碎过程中，表面的硬玉矿物解理面会暴露出来，由于每个硬玉矿物颗粒生长的方向和大小有所不同，使得每个解理面的方向也不尽相同，在光线的照射下，解理面就像一个个小小的镜子，从不同的角度将光线反射出来，使人们可以看到一片片的鳞片状闪光，该现象称为翡翠的"苍蝇翅"（图4-52）。"苍蝇翅"

图4-52 翡翠的"苍蝇翅"

往往大小不一，方向不同，多为短柱状，每个"苍蝇翅"的闪光和相互间关系，代表了每个硬玉矿物的大小和相互关系，是翡翠"翠性"的表现形式之一。

对翡翠的"苍蝇翅"的观察，需要在阳光或聚光灯光照射下进行，同时是在翡翠的粗糙面上才会比较明显，包括了翡翠毛料的皮层表面、自然断面和切割粗糙面上；在成品中，由于抛光面附着一层非晶质薄膜，会掩盖"苍蝇翅"的出现，只有在芋头地以下质地、结构粗糙的翡翠成品用聚光电筒反射照明，可以看到一些"苍蝇翅"的闪光。

利用翡翠的"苍蝇翅"特征，可以帮助对翡翠毛料、仿制品、半成品和成品进行区分鉴别。

a. 区分翡翠毛料和仿翡翠"水沫子"毛料

在翡翠赌石皮壳上观察：翡翠的水石毛料表面会出现明显的"苍蝇翅"特征（图4-53）。在"水翻砂"皮壳的翡翠赌石中，由于表生风化作用，往往会在翡翠表层形成一层风化皮壳，如白盐沙、黄沙皮、灰沙皮等，但翡翠的皮壳不论怎样风化，翡翠硬玉矿物的短柱状—长柱状交织结构仍然十分明显，同

图4-53

翡翠水石毛料表面出现的"苍蝇翅"

图 4-54
翡翠沙皮壳的交织结构和"苍蝇翅"（上）及"水沫子"皮层的糖粒状等粒结构和鳞片状闪光（下）

时也会显示大小不等的"苍蝇翅"；仿翡翠的"水沫子"（钠长石玉）毛料皮层主要显示类似白糖的等粒状结构，光线照射下显示等大、均匀的鳞片状闪光（图4-54）。

在毛料自然断面或切割面上观察：翡翠毛料断面或切割面上显示大小不一、长短不均的"苍蝇翅"片状闪光；水沫子、石英岩玉和大理岩则为等粒的鳞片状闪光（图4-55）。

b. 区分未抛光翡翠的质量好坏

质量好的未抛光翡翠，质地比较细腻，往往表面"苍蝇翅"细小而密集，整体显油性和偏灰；质量差的翡翠，质地差，颗粒粗糙，"苍蝇翅"粗大且分散，整体显白、发干（图4-56）。

图 4-55
翡翠切割面的"苍蝇翅"闪光（上）和"水沫子"自然断面的等粒鳞片状闪光（下）

抛光前

抛光后

图 4-56

翡翠未抛光半成品（上）和抛光后（下）对比："苍蝇翅"细小密集的（左），抛光后质地细腻，水头好；翡翠"苍蝇翅"粗大的（右），抛光后质地粗糙，水头差

c. 区分未抛光 A 货翡翠和 B 货、B+C 货翡翠

未抛光的翡翠半成品中，B 货和 B+C 货翡翠的"苍蝇翅"就会显得粗大、分散，整体显油性，透明度一致；而 A 货翡翠的"苍蝇翅"则体现为细小、密集，透明度各异（图 4-57）。

d. 翡翠成品的区分

在比较通透、抛光好的翡翠成品中，通过强光电筒照射，A 货翡翠与 B 货及 B+C 货翡翠表现的"苍蝇翅"特征也不一样：

图 4-57

A 货翡翠（左）质地细腻，"苍蝇翅"细密；B 货翡翠（右）质地粗糙，"苍蝇翅"粗大，透明度好

　　透明细腻的 A 货翡翠整体清亮，较难见到"苍蝇翅"；B 货和 B+C 货翡翠在聚光电筒的照射下，在电筒反光点周边会出现细小、密集、类似"苍蝇翅"的鳞片状闪光，呈"众星捧月"状态，并整体有雾感，不够清澈（图 4-58）。同时，结构粗糙的 B 货翡翠在聚光电筒照射下，会出现比较粗大的"苍蝇翅"反光。

图 4-58

玻璃种 A 货翡翠难见"苍蝇翅"（上）；仿高冰种 B 货翡翠可见鳞片状星点闪光（下）

e. 区分天然红翡和"烧红"翡翠

红翡是翡翠毛料表层在表生风化作用下，渗透有胶状的氧化铁所致。天然翡色颜色偏暗，不够鲜艳，为褐色—褐红色，人们往往会进行烧热处理，使其颜色变得鲜艳起来，称为"烧红"翡翠。

天然的红翡质地细腻，透明度好，表面一般看不到"苍蝇翅"现象；烧红的红翡失去了部分水分，尽管颜色变得鲜艳，但质地会显得粗糙、发干，出现细小干裂纹，聚光灯照射下"苍蝇翅"也会明显显示出来（图4-59）。

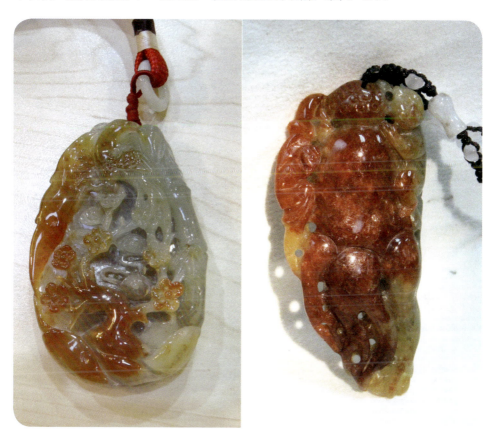

图4-59 天然红翡（左）圆润细腻；"烧红"翡翠（右）干裂毛糙，"苍蝇翅"明显

2)"橘皮纹"

A货翡翠在抛光平面的反光面上观察，会现出一个个大小不同的凸起与凹陷，类似于橘子皮表面凹凸不平的特征，称为"橘皮纹"。"橘皮纹"是由组成翡翠的硬玉等辉石类矿物集合体形成，在翡翠的表面，每个裸露的硬玉矿物颗粒会存在

大小和方向的不同，在硬度上也会有微弱的差异，抛光过程中较硬的颗粒会有所凸起，相对软的颗粒有所凹陷，使得在抛光平面上出现轻微的凸起与凹陷，每一个凸起与凹陷都反映了每一个硬玉矿物的大小和相互组合关系，也是翡翠"翠性"的表现形式之一。

"橘皮纹"需要在翡翠成品的抛光面上观察，重点观察反光平面明暗交界的部位。利用翡翠的"橘皮纹"特征，可以帮助区分 A 货、B 货、B+C 货翡翠和其他玉石仿制品。

A 货翡翠会显示明显的"橘皮纹"特征，每个细小的凸起与凹陷的界线都为逐渐平滑过渡关系（图 4-60）。

图 4-60

A 货翡翠的橘皮效应，在明暗交界部位比较明显

B 货、B+C 货翡翠表面肉眼观察比较毛糙，有细小密集的坑点状、网格状"酸蚀纹"（图 4-61）；放大观察，会出现明显的"蜘蛛网状酸蚀纹"特征（图 4-62），"橘皮纹"反而不明显或被"酸蚀纹"隔开。

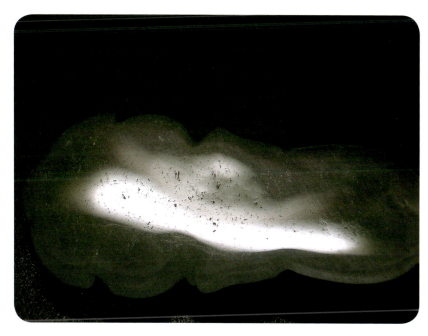

图 4-61 B 货翡翠出现均匀分布的坑点状"酸蚀纹"

图 4-62 B+C 货翡翠反光面上体现蜘蛛网状的"酸蚀纹"特征

水沫子、石英岩玉、玉髓等其他玉石种类表面光滑，不会出现"橘皮纹"特征。在强酸侵蚀注胶处理的石英岩玉中，也会出现网格状的"酸蚀纹"特征，但网格近于等大均匀，与 B 货或 B+C 货翡翠的不等大、不均匀的"酸蚀纹"有区别（图 4-63）。

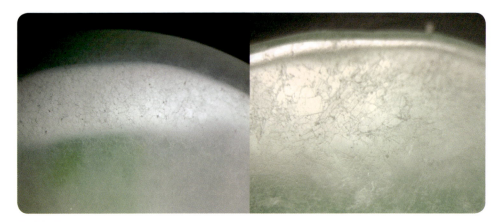

图 4-63 B+C 货石英岩玉显示等大酸蚀网纹（左）；B+C 货翡翠显示不等大酸蚀网纹（右）

翡翠的"橘皮纹"特征也会出现一些特殊的情况。

（1）"橘皮纹"只出现在利用人工抛光的翡翠中，机器抛光的翡翠中不会出现。

"人工抛光"是指人工利用吊钻布轮进行的纯手工操作抛光（图 4-64）。人工抛光比较慢，工序长，但细致到位，对一些死角部位处理比较全面，抛光后比较光亮，完整，是高档次翡翠的主要抛光方法。

"机器抛光"是指把翡翠放到震动抛光机中，通过抛光磨料、抛光粉的不停震动与摩擦来完成抛光（图 4-65）。机器抛光不用人工手持操作，直接放入震桶之中，靠磨料和抛光粉与翡翠的相互摩擦进行抛光，具有速度快、省时省工，比较方便的优点。但细致部位、沟槽和死角部位处理不到位，也容易造成雕刻轮廓、棱线的磨损，而导致边线圆钝、轮廓不清晰。故"机器抛光"主要适合大批量、中低档次、批量化生产的挂件、圆珠项链等产品的抛光。

图 4-64 人工抛光

图 4-65 震动抛光机及磨料

A货翡翠人工抛光会显示明显的"橘皮纹"特征；但"机器抛光"出现的是比较光滑的平整面，不会出现"橘皮纹"特征（图4-66）。

图 4-66

机器抛光翡翠无"橘皮纹"（左）；人工抛光翡翠"橘皮纹"明显（右）

B货或B+C货翡翠不论人工抛光还是机器抛光都会显示"酸蚀纹"特征。

（2）高注胶B货和B+C货翡翠肉眼观察也会有明显"橘皮纹"特征。

在模仿比较透明的冰种或玻璃种的高注胶B货或B+C货翡翠中，通过肉眼观察抛光平面，也会显示类似A货翡翠的"橘皮纹"特征（图4-67），但放大镜下仍然可见到有"酸蚀纹"存在。

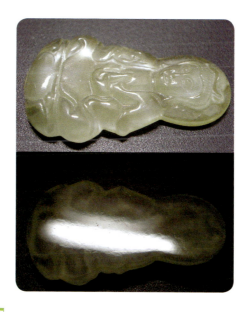

图 4-67

高"莹光"B货翡翠（上）肉眼可见明显"橘皮纹"特征（下）

3）絮状物

"絮状物"是指通过侧光或透射光照射后，翡翠成品的内部显示出点状、团块状、交织状的棉絮状的反射影像（图4-68），它是由组成翡翠的硬玉等辉石类矿物集合体的颗粒间隙、微裂隙和矿物杂质包裹体等反光表现出的特征。"絮状物"主要在透射光照射下观察才能看到，与翡翠组成的硬玉矿物颗粒大小和组合关系有关，也是"翠性"的表现形式之一。

（1）"絮状物"与翡翠矿物颗粒的结晶粗细和结合紧密程度相关。结晶细腻和结构致密的翡翠，"絮状物"相对要少，结构细密；结晶粗大、结构松散的翡翠，絮状物也比较明显、松散粗大（图4-69）。

图4-68

翡翠透射光下"棉絮"的交织结构

图4-69

质地细腻翡翠比较致密，"棉絮"少（上）；质地粗糙翡翠"棉絮"较多（下）

（2）不同玉石种类"絮状物"特征各有不同。A货翡翠"絮状物"呈长条状交织结构，相对细腻，结构紧密；水沫子的"絮状物"呈棉点状定向分布（图4-70）；石英岩玉的"絮状物"显示定向等粒网格状结构；岫玉的"絮状物"呈云团状出现（图4-71）。

（3）翡翠毛料和"水沫子"毛料的"絮状物"特征不同。天然翡翠毛料的抛光面上往往显示明显交织结构的白色"絮状物"特征；含钠长石（"水沫子"）部分则看不到"絮状物"，而是细腻的等粒结构，颜色偏灰，显油性（图4-72）。

翡翠的"翠性"是翡翠重要的表现特征，也是鉴别翡翠的重要特征；掌握了翡翠"翠性"的表现特征，也就基本掌握了翡翠鉴别的技巧。

图 4-70

翡翠的絮状物为交织结构（上）；"水沫子"的絮状物为定向点状、条带状（下）

图 4-71

石英岩絮状物为等粒网格状分布（上）岫玉絮状物为云团状分布（下）

图 4-72

翡翠与"水沫子"共生毛料，翡翠部位交织结构的絮状物明显，水沫子部位细腻、偏灰、显油性，未见"棉絮"

9. 看雕刻工艺

质量好的 A 货翡翠因为材料价值高，一般雕刻工艺也会好，做工精细，表面抛光光滑、明亮，线条流畅，构图匀称（图 4-73）。

处理的 B 货、C 货或 B+C 货翡翠由于成本低，一般都是简单雕刻加工，构图简单，线条随意，不够流畅，抛光也不明亮，在沟槽部位往往抛光不到位，有明显沙感（图 4-74）。

图 4-73

A 货翡翠雕刻线条流畅

图 4-74

B 货翡翠雕工差，线条不流畅

（二）手感—触觉

手感，就是用手掂拿和搓摸翡翠来进行翡翠真假和质量的判断。主要是体验翡翠的轻重份量和表面的光滑与粗糙程度。

1. 用手掂拿份量

掂量翡翠玉石的份量大小，是快速区分翡翠与仿制品的重要手段之一。每一种玉石的密度大小是相对固定的，但不同玉石种类由于化学组成、矿物组合和结构构造等方面的不同，会导致密度的不同，因此可以以通过玉石密度大小的不同来判断玉石的种类（表 4-2）。

对于玉石的掂拿，密度大的玉石，会感觉比较沉重，有坠手感；相反，密度较小的玉石会感觉比较轻飘，无坠手感。

表 4-2　常见玉石种类的相对密度

宝玉石名称	相对密度
水钙铝榴石（青海翠）	3.47
钙铝榴石	3.40
翡翠	3.32～3.34
和田玉（软玉）	3.10
绿松石	2.76
青金岩	2.75
苏纪石	2.74
大理石（阿富汗玉）	2.70
紫硅碱钙石（查罗石）	2.68
石英岩玉	2.65
玉髓	2.65
玛瑙	2.65
钠长石玉（"水沫子"）	2.60～2.65
蛇纹石玉（岫玉）	2.57
寿山石	2.56

翡翠的相对密度是 3.32～3.34，会要显得沉重一些；钠长石玉（"水沫子"）、石英岩玉、岫玉、大理石玉等密度相对都低，手掂显轻飘感觉；只有水钙铝榴石（青海翠）和钙铝榴石等密度要比翡翠重，会显得沉重坠手。

用手掂拿份量有两种方法。

（1）对于挂件、手镯和手玩件等大件来说，可以用手拿起，掌心向上，置于掌心中，上下晃动，手往上提的时候，来感觉玉石下沉时的份量（图 4-75）。

图 4-75　手拿翡翠掂量重量

第四讲　翡翠的鉴别

（2）对于戒面等小的玉石而言，将左手掌心朝上，作为接盘，右手拿起玉石于左手掌心之上，高差在 5～10cm 上下，轻轻将戒面放开让它自由坠落到左手掌心之中，通过坠落感觉戒面敲击掌心的份量大小来判别玉石种类（图 4-76）。

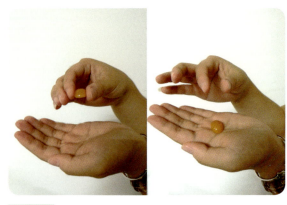

图 4-76　戒面用手掂量法

用手掂量感觉到有明显坠手感的是水钙铝榴石、钙铝榴石、翡翠和和田玉，它们的相对密度都大于 3；而石英岩玉、玛瑙、岫玉、大理岩（汉白玉）、"水沫子"等玉石种类相对密度都在 3 以下，用手掂量会有一种轻飘的感觉，无明显坠手感。

2. 手指搓摸或指甲刮蹭

利用手指搓摸或用指甲刮蹭翡翠成品的表面，尤其是手镯和挂件（图 4-77）。天然的 A 货翡翠抛光后表面比较光滑，手指搓摸或指甲刮蹭都会感觉比较顺溜；处理的 B 货和 B+C 货翡翠由于被强酸侵蚀和注胶处理过，表面留有酸蚀纹和有机胶，手指搓摸和指甲刮蹭感觉就不会那么顺溜，而是有滞涩感，同时也有类似触摸塑料的滞涩感觉。

3. 用手触摸拿捏

用手触摸拿捏主要区分玉石和玻璃。将玉石挂件或手镯拿起后，迅速放于掌心轻轻拿捏，让手掌充分接触到玉石表面（图 4-78），来感觉玉石在手中的冰凉程度。由于翡翠和其他玉石主要是由细小结晶的矿物集合体组成，热传导性较好，用手迅速触摸翡翠挂件和手镯，会有一种冰凉的感觉；但对于仿翡翠的玻璃制品而言，热传导性差，手触摸拿捏

图 4-77

指甲刮蹭手镯表面，天然翡翠比较光滑顺溜，处理的翡翠有滞涩感，不顺溜

会体现出明显的温感，不够冰凉。感觉玉石的冰凉或温感需要速度快，手长时间地把握玉石，会使体温传递到玉石上，使玉石本身的温度升高，温凉感体会不出来。

（三）耳感——听觉

耳感主要是针对玉石手镯而言，在对手镯的轻轻敲击或碰撞的过程中，留心倾听发出的撞击声音，来判别翡翠手镯的真假与质量的好坏。

图 4-78

用手掌轻轻捏压手镯体验温凉感

1. 敲击方法

（1）细线悬吊法。将手镯用一细线条悬挂起来，再用一个致密坚硬的玉石或玛瑙棒来轻轻敲击（图 4-79）。

（2）手指悬挂法。在没有细线的情况下，可以用一只手的大拇指和食指闭合起来形成一个闭合的，将待测的手镯圈挂起来，一只手拿紧其他玉石或玛瑙棒进行敲击，听其声音（图 4-80）。

（3）手镯相互敲击法。在没有玉石或玛瑙棒作为敲击物的情况下，也可以用大拇指和食指将需判断的手镯圈闭悬空吊挂起来，另一只手握紧其他手镯作为锤棒，轻轻敲击，听其声音（图 4-81）。

图 4-79

手镯用细线悬吊起来敲击听声音的方法

图 4-80

用大拇指和食指将手镯圈悬挂起来，敲击听声音的方法

图 4-81

手拿两只手镯的敲击方法

敲击的同时，仔细倾听敲击发出的声音，根据发出的声音音调、回音长短的不同，可以来判别翡翠手镯的真假和质量好坏。

2. 声音类型区别

（1）区别不同玉石种类。不同的玉石，由于矿物组成和结构的不同，敲击的声音也各有不同。翡翠结构致密，敲击声音似金属声，声音尖锐，"叮叮"响；其他玉石敲击声音相对没那么尖锐，类似敲击玻璃的声音，音调明显不同。

（2）区别 A 货翡翠和处理的 B 货或 B+C 货翡翠。A 货翡翠敲击声音清脆，类似金属声明显，质量好的有明显回音；B 货或 B+C 货翡翠由于被强酸侵蚀和注胶的处理，结构受到破坏，并有较软的有机胶充填，敲击声音会显得比较沉闷，且无回音。

（3）区别 A 货翡翠手镯的质地好坏。玻璃种和冰种等质地细腻、透明的翡翠手镯，敲击声音比较清脆，且回音比较好，质量越好的翡翠手镯，回音也越悠扬；豆地、瓷地、干白地和狗屎地等结构粗糙、质地差的手镯，敲击后会发出金属声音，但基本没有回音。

（4）区别翡翠手镯有无明显断裂。正常翡翠手镯敲击声音比较清脆，但出现有断裂的翡翠手镯，敲击声音基本是沉闷、沙哑的，没有金属声，更无回声。

综上所述，眼感、手感和耳感是市场翡翠鉴别的关键，但要灵活运用，需要反复实践才行，在平时市场和生活中多观察、多留意、多对比，总能熟能生巧，从而较快地鉴别出翡翠的真假来。

五、市场典型人工处理翡翠的鉴别

1. 高翠色注胶 B 货翡翠

在一些以黑乌砂、水翻砂为典型的翡翠毛料中，由于表层有次生绿色的叠加，使得原生绿色会偏灰、偏暗，无法体现出价值（图 4-82、图 4-83）。B 货翡翠经过强酸侵蚀和注胶处理后，会去掉次生绿色和锈色等杂质部分，但原生绿色

图 4-82

黑乌砂翡翠毛料周边受次生绿色浸染，底子偏灰、发暗

图 4-83

水翻砂翡翠毛料中受次生色浸染，表层底子偏灰、发暗

仍然保留下来，使绿色显现出来，而且也具有色根，与天然翡翠的绿色非常相似（图 4-84），这种 B 货翡翠主要鉴别特征如下。

（1）绿色鲜艳，偏黄味，但发散，不集中，绿白颜色界线不清晰。

（2）白色部位不够白，整体偏灰显油性。

（3）过于均匀，透明度一致，或白色部位反而比绿色部位要透明（图 4-85）。

（4）表面可见酸蚀纹特征。

图 4-84

A 货翡翠（左）与高翠色注胶 B 货翡翠，偏黄味（右）

图 4-85

高翠色 B 货（左）和 A 货翡翠（右）

2. 高注胶、"高莹光" B+C 货翡翠

B+C 货翡翠由于被灌注高强度有机胶，使翡翠透明度大大提高，并能泛出

"莹光"来，模仿高冰种的翡翠（图4-86）。鉴别这种翡翠一般是利用侧光照明或透射光照明，在挂件和手镯上会有不同的"莹光"表现。

图 4-86　起黄白"莹光"的A货翡翠（上）和起蓝白"莹光"的B+C货翡翠（下）

（1）挂件观察：透明度比较好、能达到冰种以上A货翡翠挂件，在轮廓边缘、棱线部位或弧面凸起部位往往都会出现"莹光"，但色调往往是白里泛黄，翡翠整体显得比较清澈透明（图4-87）；B货或B+C货翡翠挂件在轮廓和边缘部位泛出的"莹光"则是白里泛蓝，显示蓝白色调，翡翠整体也有泛白的雾感，这在挂件背面观察会更为明显（图4-88），并且起高"莹光"，B+C货翡翠亮光部位会显示黄绿色"莹光"，偏暗部位则显示紫红色（图4-89）。

图 4-88　通过背面观察轮廓"莹光"，A货翡翠佛（右）显黄色调，B货翡翠观音（左）显蓝白色，有雾感

图 4-87　A货翡翠观音轮廓部位体现白里泛黄的"莹光"

图 4-89　起高"莹光"A+B货翡翠亮光部位显示黄绿色，偏暗部位显示紫色

（2）手镯观察：A 货翡翠手镯泛出的"莹光"也是白色带黄味，整体清亮（图 4-90）；B 货或 B+C 货翡翠手镯在起"莹光"部位为蓝白色调，同时在起"莹光"部位的另一侧会泛出黄色—黄绿色调，感觉被烟熏过一样（图 4-91），并且在透射光下，透光部位也会显示黄绿色，周边还会泛出紫红的色调（图 4-92），这些现象在 A 货翡翠手镯中是不会出现的。在市场上，常常会流传着一些满绿色、号称几百万以上的所谓"清朝老玉"手镯，在透射光照射下观察，可以见到手镯边缘部位泛出蓝白色的"莹光"，顶部也会泛黄色调，其实都是 B+C 货（图 4-93）。

图 4-90　A 货翡翠手镯的"莹光"，显黄白色

图 4-91　B+C 货翡翠体现蓝白色"莹光"，背面则显黄绿色

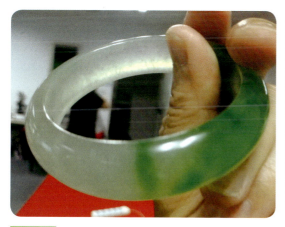

图 4-92
透射光下 B+C 货翡翠手镯显示黄绿色"莹光"，"莹光"附近泛出紫色调

图 4-93
B+C 货翡翠仿冒的"清朝老玉"手镯，边缘部位泛出蓝白色和黄色"莹光"

（3）未抛光的翡翠半成品挂件：未抛光翡翠半成品在翡翠批发市场比较常见，没抛光说明是第一手货源，会有价位优势，但也有不少以 B 货和 B+C 货翡翠冒充的，由于未抛光，内外特征很难看清楚，也可以利用"莹光"特征不同来区别。未抛光的冰种以上的 A 货翡翠挂件，泛出仍然是白色带黄的"莹光"；但 B 货或 B+C 货翡翠在沟槽部位或凸起的边部会出现蓝白色或黄绿色"莹光"，在暗的一侧则会显示出带紫的色调（图 4-94），透射光下会更明显（图 4-95）。

 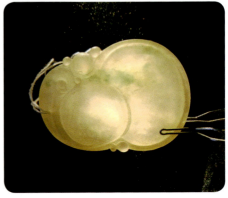

图 4-94　未抛光 B+C 货翡翠树叶，沟槽起"莹光"部位显黄绿色调，正表面泛紫色调

图 4-95　透射光下 B+C 货翡翠挂件泛出黄绿色和紫色调

3. 仿油青、蓝水的 B+C 货翡翠

油青种和蓝水种翡翠一般价位都不高，尤其是次生油青和次生蓝水翡翠，属于中低档次以下，但油青和蓝水翡翠质地往往都相对细腻，且也带有绿色，往往是一般消费者普遍容易接受的翡翠品种。也正是由于价位低，人们都觉得没有必要作假，放松了警惕，但市场上仿油青和蓝水的 B+C 货翡翠非常普遍（图 4-96）。这类翡翠主要鉴别特征如下：

图 4-96　仿油青 B+C 货翡翠

（1）看颜色界线。天然次生油青翡翠的油青色与其他颜色的颜色界线往往比较明显和清晰；仿油青 B+C 货翡翠的颜色则呈过渡状，界线不清晰（图 4-97）。

（2）看透明圆润程度。天然油青翡翠圆润清亮，透明度不均匀，有油青色的部位透明度相对要好一些；仿油青 B+C 货翡翠整体泛白，有雾感，有色部位与无色部位透明度一致，没有明显区别。

（3）看光泽。天然油青翡翠光泽明亮，仔细观察反光点处比较明锐；仿油青 B+C 货翡翠的光泽显得暗淡，反光点发散，不明锐（图 4-98）。

（4）看质地。天然油青翡翠油感足，质地细腻；仿油青 B+C 货翡翠虽然透明，但颗粒较粗，质地不够细腻，"棉絮"多（图 4-99）。

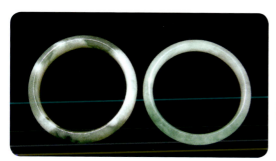

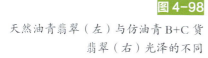

图 4-97

天然次生油青色翡翠（左）和仿油青 B+C 货翡翠（右）

图 4-98

天然油青翡翠（左）与仿油青 B+C 货翡翠（右）光泽的不同

图 4-99

天然油青翡翠（左）与仿油青 B+C 货翡翠（右）透射光下特征

（5）看表面纹理。反射光下观察表面，天然次生油青色翡翠可出现"橘皮纹"；仿油青 B+C 货翡翠会出现明显酸蚀纹。

（6）看"锈丝"。天然次生油青色翡翠与 B+C 货翡翠的仿油青翡翠两者颜色都一致，而且颜色都会呈丝网状分布，颜色发散，不见色根（图 4-100）。但利用放大镜仔细观察，次生油青色翡翠的颜色在表面由于受到氧化作用，往往色调不均匀，会出现黄褐色的氧化"锈丝"（图 4-101）；而仿油青 B+C 货翡翠则没有"锈丝"，放大观察，比较干净，颜色色调均匀一致。

（7）查尔斯滤色镜观察。在光线照射下，通过查尔斯滤色镜观察，天然次生油青色翡翠不变色，仍然为暗绿色；仿油青 B+C 货翡翠在查尔斯滤色镜下会呈暗紫红色（图 4-102）。

图 4-100　天然次生油青翡翠（左）和染色翡翠（右）颜色都为丝网状分布特征

图 4-101　次生油青色翡翠表面出现的丝网状黄色氧化"锈丝"

图 4-102　仿油青 B+C 货翡翠佛（左）在查尔斯滤色镜下变紫红色（右）

4. "烧红"翡翠鉴别

翡翠的翡色是由于翡翠砾石表层受到次生的氧化铁质浸染而出现的褐黄色或

褐红色，在毛料中称为"红雾层"，往往出现于翡翠毛料的近表层（图4-103），主要是由一些胶质的褐铁矿类物质[FeO(OH)·nH$_2$O]渗透到翡翠的硬玉矿物间隙和微裂隙中所致（图4-104、图4-105）。但一般翡翠的翡色颜色往往带有灰褐色调，颜色偏暗，不够鲜艳。人们会利用热处理的方法，让翡翠的翡色由偏暗的黄褐色变为鲜亮的红褐色，使色彩更加鲜艳亮丽，即"烧红"翡翠（图4-106）。

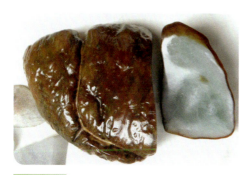

图4-103　天然翡色皮层

图4-104

显微镜下观察翡色层硬玉矿物间隙被褐铁矿质胶状物质充填（薄片，X10）

图4-105

翡翠红色翡色层（中部）矿物间隙被胶状褐铁矿掩盖，显得相对透明（薄片，X10）

图4-106　"烧红"翡翠毛料

鉴别天然翡色翡翠与"烧红"翡翠，可以注意以下几点（表4-3）。

（1）看颜色鲜艳程度。天然翡色翡翠往往色调偏暗，为褐黄色或褐红色，颜色多变，有层次感；"烧红"翡翠的翡色往往是鲜艳红色色调，颜色明亮，比较单一，无层次感（图4-107）。

图 4-107

"烧红"翡翠(左)颜色鲜艳,界线不明显;天然翡色翡翠(右)颜色偏暗,界线清晰

表 4-3 天然翡色的翡翠与烧红翡翠区别

特征	天然翡色	"烧红"翡翠
颜色色调	偏暗,为褐黄或褐红色,颜色多变,有层次感	鲜艳,明亮,颜色单一,无层次感
质地	圆润细腻	粗糙,种干,颗粒感明显
颜色界线	界线明显,为突变关系	界线不清晰,为渐变关系
透明度	相对透明、圆润	透明度差,翡色部位反而透明度差
光滑程度	表面光滑平整,反光明亮,不见"苍蝇翅"	有细小干裂纹,光滑程度降低,"苍蝇翅"明显

(2)看细腻圆润程度。天然翡色的翡翠质地比较圆润细腻,经常表现为糯化地、冰地(图 4-108);"烧红"翡翠相反,质地显得粗糙、种干、颗粒感明显,抛光面也有"苍蝇翅"出现(图 4-109)。

图 4-108

糯化地翡色

图 4-109

"烧红"翡翠质地差，发干

（3）看颜色界线。天然翡翠翡色与其他原生色（白色、绿色或紫色）为突变关系，尤其是红翡的地方，会有一个截然明显的界线（图 4-110）；"烧红"翡翠颜色界线不清晰，为渐变过渡关系（图 4-111）。

图 4-110

天然红翡与原生白色之间有一明显界线

图 4-111

"烧红"翡翠颜色颜色逐渐过渡

（4）看透明度。天然翡翠的翡色部位相对会透明一些，尤其是界线部位透明度会比较好；"烧红"翡翠不同颜色之间透明度变化不大，红色部位有时反而透明度差。

(5)看表面光滑程度。天然翡色的翡翠抛光后表面光滑平整,反光明亮;"烧红"翡翠表面会出现细小干裂纹,光滑程度降低,反光弱。

"烧红"翡翠制品的过程,是对翡翠进行热处理的过程,属于宝玉石的优化范畴,因此在目前珠宝质量检验证书上标明的结果将仍然是"翡翠(翡翠A货)",即天然翡翠。

但是,严格来说热处理的"烧红"翡翠与热处理宝石之间还是存在有一定差异的。

在热处理宝石过程中,宝石内部的致色元素仅仅是在价态发生了变化,没有发生成分和结构的变化。如热处理红宝石可以使红宝石内部含有的微量元素 Fe^{2+} 转变为 Fe^{3+},但元素的赋存形式不会改变,自身矿物结构也没有改变。但对于"烧红"翡翠来说,由次生浸染充填于翡翠的硬玉矿物间隙和裂隙中的胶状褐铁矿在加热过程中,将会失去部分的吸附水,原来的胶体状物质因失水会结晶转化成成为细小的纤铁矿或针铁矿微晶集合体,物相的变化和水分的丧失会使翡翠由原来的褐黄色变为褐红色—鲜红色,但也会使得原来被胶状褐铁矿掩盖的翡翠硬玉矿物颗粒间隙被完全显露出来,出现许多细小干裂,质地变粗,透明度下降,失去了原有的细腻圆润特征(图4-112)。

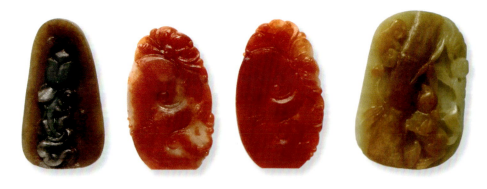

图4-112 天然翡色(左右两侧)与"烧红"翡色(中间两者)

因此,"烧红"翡翠应当归结为对翡翠的处理范畴,并在证书上给予注明"经热处理"。

5. "抛光粉" 染色

"抛光粉" 染色是在翡翠手镯或赌石毛料抛光面上利用植物染料浸泡或涂抹的染色，主要为浅绿色和浅紫罗兰色，染料只是附着在翡翠表面，热水煮洗后会有所褪去，因此在翡翠市场上还可以做天然翡翠（A货）证书，称为"表面轻微染色"（图4-113）。这种翡翠主要鉴定特征如下。

图 4-113　"抛光粉"染色手镯

（1）"抛光粉"染色是缅甸传统的染色方法，主要出现在手镯、片料和翡翠毛料开口部位（图4-114）。

（2）染色主要以浅绿色和浅紫罗兰色为主，颜色浅，无色根，颜色发散，绿色带黄色调，紫色带粉色调（图4-115）。

图 4-114　"抛光粉"染紫色翡翠毛料

图 4-115　"抛光粉"染色手镯

(3)放大观察可见染料呈丝网状、点状分布(图4-116～图4-118),或呈丝条状充填于表面的裂隙中(图4-119)。

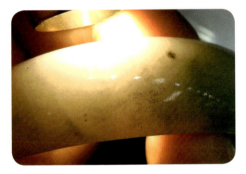

图 4-116

"抛光粉"染紫色呈丝网状分布

图 4-117

染料呈点状分布于手镯表面

图 4-118

毛料上"抛光粉"染紫色呈丝网状分布

图 4-119

在裂隙中分布的"抛光粉"染紫色染料

第五讲

市场常见其他玉石种类及仿翡翠制品

玉石除了翡翠以外，还有其他一些种类。在市场上比较常见的其他玉石种类及仿翡翠制品包括钠长石玉（水沫子）、软玉（和田玉）、SiO_2家族（水晶、石英岩玉、玉髓、玛瑙、蛋白石）、蛇纹石玉（岫玉）、独山玉、水钙铝榴石（青海翠）、钙铝榴石、大理岩和玻璃等。

一、钠长石玉

钠长石玉俗称"水沫子"或"水沫玉"。"水"比喻比较透明，"沫"即泡沫，表示比较轻。在中缅边境珠宝市场中，凡是比翡翠要透明，且重量较轻的都称为"水沫子"，但在学术上，一般"水沫子"是特指钠长石玉。钠长石经常与构成翡翠的硬玉或钠铬辉石伴生产出，钠长石玉在形态上也与冰种、玻璃种翡翠相似，使之成为翡翠市场上仿翡翠毛料和成品的主要类型之一。

1. 种类

钠长石玉主要成分为钠长石，其次有硬玉、角闪石和钠铬辉石等。主要类型如下。

（1）纯钠长石玉：钠长石含量90%以上，含少量角闪石和硬玉等。一般为白色、灰白色，含角闪石者多具有定向飘花绿色，透明—半透明，质地细腻，有点状"棉絮"（图5-1）。

图 5-1　纯钠长石玉"水沫子"

（2）含硬玉钠长石玉：与翡翠硬玉伴生的钠长石玉，钠长石含量超过25%以上。含钠长石部分偏灰、显油性，抛光面不亮；硬玉部分体现为白色、绿色或紫色，有"棉絮"出现（图5-2），抛光面较光亮。由于有硬玉

图 5-2　硬玉、钠长石、角闪石共生的"水沫子"

矿物伴生，也可以见到"苍蝇翅"的闪光特征，非常容易误认为是种水好的翡翠，欺骗性非常大。

（3）麽西西："麽西西"为翡翠产地名，主要产以钠铬辉石为主要成分的"铁龙生"等翡翠，同时也有钠长石与钠铬辉石伴生的品种，市场上称为"麽西西"。"麽西西"颜色为鲜艳绿色，主要为钠铬辉石致色，钠长石为透明白色，与"铁龙生"或干青翡翠相似，但光泽弱，抛光不亮，质量相对要轻（图5-3）。

图 5-3

钠铬辉石和钠长石共生的"麽西西"

从矿物组合特征看，硬玉—钠铬辉石—钠长石可以成为矿物成分三角图的端元组分，相互之间也存在有过渡关系（图5-4）。硬玉与钠铬辉石的过渡组分为含铬硬玉，即翠绿色翡翠，绿色深浅取决于含铬成分的多少；纯的钠铬辉石为"铁龙生"，与钠长石共生的是"麽西西"；纯的钠长石属于钠长石玉（"水沫子"），钠长石与硬玉共生的只要钠长石含量大于25%以上，也属于钠长石玉（"水沫子"）范畴。

图 5-4　硬玉（翡翠）—钠铬辉石（"铁龙生"）—钠长石（"水沫子"）关系图

2. 鉴别特征

（1）钠长石玉颜色有白色、灰白色，含有硬玉的可出现绿色、紫色，含钠铬辉石的为绿色，含有角闪石的与翡翠飘蓝花类似（图5-5）。

（2）透明—半透明，显油性，偏灰。

（3）光泽不强，折射率为1.52～1.54，油脂—玻璃光泽，相对翡翠光泽要弱，从钠长石玉与硬玉共生的"水沫子"抛光面上看，硬玉光泽要强，相对明亮，钠长石部位光泽明显要弱，相对要暗（图5-6）。

（4）质量轻，相对密度为2.60～2.70，手掂量较轻。

（5）质地细腻，粒状结构，自然断面显等粒结构（糖粒状结构），并具有等大鳞片状解理面的反光（图5-7），这与翡翠的不等大、不规则长条状的"苍蝇翅"闪光不同。

（6）透光下内部"棉絮"呈点状、团块状分布（图5-8），翡翠显示交织结构。

图5-5 "水沫子"飘花手镯

图5-6 硬玉（光泽强的部分）和钠长石（光泽弱的部分）组成的"水沫子"

图5-7 "水沫子"等粒鳞片状解理面闪光

图5-8 "水沫子"手镯的点状"棉絮"和定向结构

二、软 玉

软玉最早发现并盛产于新疆和田地区，被称为"和田玉"。软玉因质地细腻、颜色以白色为主，也称为"白玉"；质量比较好，油性足的称为"羊脂白玉"。软玉在我国流传有近五千多年的历史，是我国传统玉石文化的典型代表，汉字中带"王"字的偏旁部首大多与软玉有关，是传统的中华"白玉文化道德观"的核心代表，也培育了中华民族爱玉、崇玉、礼玉、赏玉、玩玉、藏玉的传统玉石文化理念，是中华文化传承与文化发展的最好历史见证。

1. 特征

软玉主要成分是角闪石类多晶矿物集合体。矿物成分包括透闪石 $Ca_2Mg_5(Si_4O_{11})_2(OH,F)_2$ 和阳起石 $Ca_2(Mg,Fe)_5(Si_4O_{11})_2(OH,F)_2$。

颜色以白色、青绿色、青灰色、绿色、黑色、黄色为主，颜色相对单一。绿色主要为 Fe^{2+} 致色，颜色偏灰、偏暗，少量为 Cr^{3+} 致色，为鲜艳绿色。

硬度为 6～6.5，折射率为 1.61～1.62，相对密度在 3.10 左右，质地细腻，典型纤维交织结构和油脂光泽。

2. 主要类型

1）按颜色分类

白色类：称为白玉。色白、半透明、细腻圆润，油性较足的称为羊脂白玉，为软玉中的上品（图 5-9）。

图 5-9　白玉

绿色类：称为碧玉，深绿色、灰绿色（图5-10），其中黑色透出绿色者称为墨玉（图5-11）。绿色软玉主要是Fe^{2+}致色，颜色偏暗、偏灰。目前也有少量青海料、俄料中有翠绿色的，为Cr^{3+}致色，绿色鲜艳，但偏淡不浓，称为翠青（图5-12）。

青色类：称为青白玉、青玉。表现为青灰色、蓝灰色（图5-13）。

图 5-10　碧玉

图 5-11　墨玉

图 5-12　翠青

图 5-13　青玉

黑色类：黑色由软玉中含弥散状分布的细小石墨类碳质所致。整体黑色的称为烟青（图5-14）；黑白相间的称为"青花"，黑白分明，简单舒雅，类似于青花瓷器上的水墨山水画，非常有韵味（图5-15）。

图 5-14　烟青

图 5-15　青花

黄色类：黄玉、糖玉。浅黄色、深黄色、黄褐色，是由近地表的氧化铁质浸染所致，类似红糖颜色，也称为糖玉（图5-16）。

图 5-16　糖玉

2）按产出分类

山料：原地产出的软玉原生矿，产出量大，没有皮壳，玉料棱角分明，呈不规则状出现，质量参差不齐（图5-17）。目前的青海料、俄料和韩料大部分为山料。

山流水：也称"半山半水石"，是原生软玉矿经地表风化剥蚀，在原产地就近山坡或山谷堆积形成的砾石状软玉料，棱角分明或有一定磨圆，会形成一层厚度不等的黄色—黄褐色风化皮层，皮层以黄玉、糖玉为特征（图5-18）。

仔料：原生软玉经风化、剥蚀与搬运，在河流中堆积形成的鹅卵石状软玉料（图5-19）。仔料受河流长距离搬运，经过砾石间的碰撞与磨擦，长时期的河水浸泡与冲刷，质地疏松的部位都被磨蚀殆尽，往往都是质地细腻圆润、致密坚硬的部分被保留下来，成为软玉中质量较好的品种，但石料都不会太大。

图 5-17　山料

图 5-18　山流水

图 5-19　仔料

3. 主要产地

软玉最早主要发现于新疆和田地区，另外在中国的青海、贵州、辽宁、台湾及俄罗斯、韩国、加拿大、新西兰、巴基斯坦等地区或国家都有产出，但质量各有不同。

新疆和田：新疆南疆的和田地区，为软玉的最主要产出地之一，是传统白玉文化原材料的发源地，有五千多年的历史，也是软玉被称为"和田玉"的主要原因。产出山料、山流水和仔料等各种类型的软玉，并以产出高质量的"仔料"最为有名（图5-20）。新疆和田玉在长期的研究过程中，根据仔料、山流水和山料质量的不同，已经形成了一套独特的"和田玉"价值评估体系。

青海：产于青海省格尔木市西南昆仑山，又称为"昆仑玉"或"青海料"。于20世纪90年代发现并开采至今。以山料为主，与变质大理岩共生，少量山流水料，仔料不多。颜色白偏灰，质地粗，颗粒感明显，比较透明，会出现明显"水纹"或平行纹路；产量较大，为目前市场上主要出现的软玉品种之一（图5-21）。

贵州罗甸：产于贵州罗甸县，为原生矿产出，质地细腻，颜色白，但油性不足，透明度差，水短显瓷性，如陶瓷状（图5-22）。

图 5-20　和田仔料

图 5-21　青海料软玉（昆仑玉）

图 5-22　罗甸软玉

辽宁岫岩：产于辽宁岫岩岫玉矿中，多以砾石状的"山流水"产出，当地称为"河磨玉"，质地细腻，呈黄绿色、黄白色，表面有一层红色氧化皮层包裹，与蛇纹石玉（岫玉）共生（图5-23）。

台湾：台湾软玉往往呈纤维状定向产出，主要用于做宝石材料，弧面型戒面有明显猫眼效应，称为"台湾软玉猫眼"。

图 5-23　岫岩"河磨玉"

图 5-24　碧玉

图 5-25　巴基斯坦碧玉

俄罗斯：主要分布在俄罗斯伊尔库茨克州、克拉斯克雅尔斯克边区、乌拉尔山脉、西伯利亚矿区等地，称为"俄罗斯料"或"俄料"。俄罗斯软玉以白玉和碧玉为主，主要为山料、山流水。俄罗斯白玉与青海料类似，颜色偏白，透明度好，油性不及和田玉，质量各异。碧玉绿色有艳绿色、暗绿色、灰绿色等，内部常含有黑点状磁铁矿和褐红色氧化铁质杂质。

韩国：称为"韩料"，以山料为主，质地细腻，白色偏黄。

其他产地有加拿大、新西兰、巴基斯坦等国家，均以碧玉为主，颜色鲜艳，质地均匀细腻，内部常常有黑色杂质和白色"棉絮"（图5-24），常制作为手镯、挂件和珠串等产品（图5-25）。

4. 天然软玉鉴定特征

（1）颜色以白色为主，并有绿色、黄色、黑色等，颜色分布相对均匀。

（2）折射率为1.61～1.62，典型油脂光泽，表面反光点明暗界线不清晰，呈逐渐过渡。

（3）相对密度约为3.10，比翡翠稍轻，硬度在6.5左右。

（4）质地细腻圆润，典型纤维毛毡状交织结构，放大观察表面可见到纤维交织状的"橘皮纹"特征（图5-26）。

（5）软玉仔料表皮受河流搬运过程中与砾石间的相互碰撞和摩擦，会出现典型细小坑点状磨蚀坑，俗称"汗毛孔"（图5-27）。

（6）仔料皮层表生铁质浸染的黄色—褐黄色颜色分布不均匀，突出、易摩擦的部位颜色浅，凹槽部位颜色深，裂缝部位颜色两侧往往会有对称的"水晕"般次生浸色出现（图5-28）；染色的皮层颜色过于均匀（图5-29），内外一致，且颜色只在裂隙部位集中，不会出现"水晕"。

图 5-27 仔料的"汗毛孔"

图 5-26 软玉的"橘皮纹"，典型毛毡状纤维交织结构

图 5-28 仔料裂隙部位有"水晕"出现

图 5-29 染色做皮仿仔料白玉

（7）仔料会出现有"阴阳面"，正面受太阳暴晒，风化强烈，氧化皮层会厚，颜色泛白；背面长期浸泡在水中，未受阳光照射，氧化皮层要薄，两面颜色和皮层厚度各有不同（图5-30）；作假"仔料"各处一致，不会出现"阴阳面"。

图 5-30

仔料的阳面（左）和阴面（右）

（8）青海料、俄罗斯料和韩料的白玉以山料为主，结晶颗粒粗，结构粗糙，透射光下隐约可见均匀的团粒状结构，类似"稀饭粥"状特征（图5-31）。

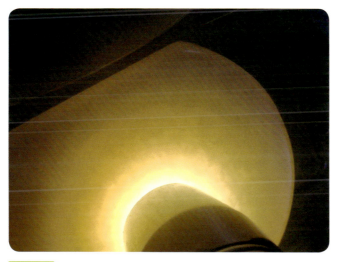

图 5-31

软玉中的"稀饭粥"特征

5. 染色做假皮仿"仔料"的鉴别

由于仔料质量比山料要好，价位也高出很多，在市场上往往用山料来模仿仔料，以次充好。市场上主要是将山料切割、打磨呈浑圆砾石状，再对表面进行染黄色处理,来模仿仔料,有的还通过喷砂或人工敲錾来做出仔料的"汗毛孔"特征,达到与仔料一样的逼真效果。主要鉴别特征如下。

(1)天然作假仔料皮壳颜色过于均匀,色调一致,没有"阴阳面"之分。

(2)打磨出来的"仔料"浑圆度与天然砾石浑圆度有差异,"仔料"过于饱满,有棱角,有人工摩擦痕迹。

(3)只经过打磨染色的表面比较光滑,没有"汗毛孔"特征。

(4)假"汗毛孔"过于均匀,变化不够自然(图5-32)。

图 5-32　染色錾"汗毛孔"做假皮的仿"仔料"

6. 仿古玉的鉴别

白玉有着近五千年的历史,并形成了完整的白玉文化,在漫长的中华历史长河中,在民间流传或作为随葬品的白玉不计其数,是先人文化的历史见证,并成为中华玉石文化的重要组成部分,在玉石收藏界有着重要的地位。也正是如此,利用现代制作手法进行仿古的玉件也十分普遍,仿古的手法也层出不穷,如染

"血丝"、做旧、做"沁色"等。对仿古玉鉴别也是玉器鉴别的重要方面之一。主要鉴别特征如下。

（1）古玉为手工钻孔，孔洞形状不规则，孔径呈外大内小的锥形；现代玉器为机器钻孔，孔洞规则正圆，孔径内外大小一致（图5-33）。

（2）古玉受长时期人工搓摸把玩，表层会出现一层油亮圆润的"包浆"；仿古玉表面光泽黯淡，不会出现"包浆"或由于抛光显得过分光亮。

（3）古玉作为随葬品在地下埋藏时受地下水的风化侵蚀作用，会形成一层白色风化层，称为"鸡骨白沁色"，在沁色的边缘往往有由于地下水渗透作用产生的"水晕"层（图5-34）；仿古玉是用强酸侵蚀形成的"沁色"，不会出现"水晕"。

图 5-33　作假沁色仿古玉

图 5-34　古玉"血丝"的"水晕"

（4）由于古玉长期把玩、油脂汗渍的氧化，或埋藏于地下的古玉通过含氧化铁的地下水渗透，都会沿表面裂隙产生丝网状氧化铁质红色浸染，俗称为"血丝"，古玉的"血丝"两侧也会有渗透的"水晕"现象；但染色作假的仿古玉"血丝"只局限于裂隙内，不会扩散出现"水晕"特征（图5-35）。

图 5-35　染色仿血丝古玉

（5）作为随葬品的古玉受埋藏时地下水的作用产生的风化与氧化铁质渗透都会具有方向性，取决于地下水流动方向，使得出现的"血丝"和"鸡骨白"沁色具有方向性和不均匀性；仿古玉的"血丝"和"鸡骨白沁色"各处一致，没有方向性。

三、二氧化硅家族类玉石

二氧化硅（SiO_2）约占地壳质量的12%，分布十分广泛，在玉石中也是种类最多、产量最大的品种。类型从单晶质水晶、多晶质的石英岩、微晶质—隐晶质的玉髓、隐晶质—胶质的玛瑙和完全胶质的蛋白石等，应有尽有，产地也遍布世界各地。根据二氧化硅的产出状态和组合特征，可以划分为单晶质类和多晶质类。

（一）单晶质二氧化硅——水晶

单晶质二氧化硅就是水晶。水晶比较透明，颜色有白色、紫色、黄色、茶色和灰黑色等，在珠宝市场上主要用于做宝石类的水晶饰品，如水晶项链、手链、戒面以及摆件等装饰品。作为仿玉石类的主要是利用水晶来做手镯（图5-36），或雕刻为挂件，模仿玻璃种或冰种翡翠，主要区别如下。

图5-36

水晶手镯（白色两只为石英岩）

(1)断面显示贝壳状断口，为油脂光泽。

(2)无"翠性"，粗糙面无"苍蝇翅"特征，抛光面光滑，未见"橘皮纹"，透射光下显示为不规则点状、絮状杂质包裹体，无翡翠的交织结构。

(3)透明度较高（图5-37），没有玉石的圆润特征。

图5-37

水晶手镯（左）与石英岩玉手镯（右）

(4)折射率为1.55，玻璃光泽；硬度比较高为7，抛光表面光滑，平整。

(5)相对密度为2.65，手掂相对较轻。

作为单晶质的水晶当作玉石来雕刻加工，由于性脆，不论是手镯还是挂件等佩戴饰品受磕碰都容易碎裂，并不能较好的发挥材质优势，只有作为摆件装饰品才可取（图5-38）。

（二）多晶质二氧化硅

多晶质二氧化硅是以集合体形式出现，大部分属于玉石类。根据 SiO_2 结晶颗粒大小不同划分为显晶质类、微晶—隐晶质类、隐晶质—胶质类和胶质类等。

图 5-38　水晶雕刻摆件

1. 显晶质二氧化硅——石英岩玉

显晶质二氧化硅是指肉眼能看到颗粒感的石英矿物集合体，以石英岩玉为代表。石英岩玉由石英细粒集合体组成，是由滨海或湖泊沉积的石英砂经地质沉积压实作用和变质作用固结形成。石英岩玉是比较常见的玉石种类，主要矿物成分为石英，少量伴生矿物有云母类（铬云母、金云母、白云母等）、硫化物（黄铁矿、黄铜矿等）、氧化物（赤铁矿、金红石等）等，种类较多，随着产地和所含伴生矿物的不同，名称也各异，有东陵玉、京白玉、河南的密玉、贵州的贵翠、云南龙陵的黄龙玉、新疆的金丝玉、广东和广西的的沙金玉等，但主要矿物成分仍然是石英矿物集合体。共同特征如下。

（1）主要成分为细粒石英集合体。

（2）肉眼可见到细小石英颗粒，断面颗粒感明显，显示等粒（糖粒状）结构，有一定的定向性（图5-39）。

图 5-39　偏光显微镜下石英岩的定向等粒结构（×10+）

（3）断面为油脂光泽，抛光面为玻璃光泽。

（4）折射率为1.544～1.553，比较明亮。

（5）硬度为7，抛光表面光滑，不易出现划痕。

（6）相对密度为2.65，手掂偏轻，无坠手感。

（7）与沉积成因有关，厚层板块状产出，并有一定的定向性。

1）东陵玉——含铬云母石英岩玉

绿色石英岩产出比较普遍，不少地区和国家都有产出，是比较常见的石英岩玉种类。矿物组合为石英（80%～90%），绿色铬云母（10%～20%），还有少量金红石、铬铁矿、黄铁矿、黄铜矿等硫化物；由于含有绿色的铬云母，使其颜色为绿色，表现为深绿色—蓝绿色（图5-40）。东陵玉与翡翠绿色类似，市场上经常用于冒充翡翠制品，尤其是利用东陵玉做假皮仿满色的翡翠毛料（图5-41）。

图 5-40　东陵玉

图 5-41　东陵玉做假皮仿翡翠

东陵玉主要鉴别特征如下。

（1）绿色偏暗，颜色呈暗绿色—蓝绿色，分布均匀，并呈定向条带状构造。

（2）半透明，放大观察铬云母呈鳞片状定向分布（图5-42）。

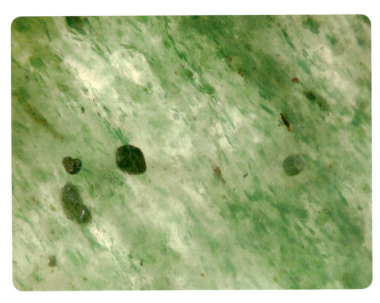

图 5-42

东陵玉中铬云母片状定向分布，并含粒状硫化物

(3) 内有细粒状黄色黄铜矿等硫化物和褐红色金红石矿物。

(4) 糖粒状结构，自然断面呈油脂光泽，抛光面呈玻璃光泽。

(5) 查尔斯滤色镜下观察显暗红色。

2) 京白玉

京白玉因产于北京郊区而得名，为常见石英岩玉种类，在世界许多地方均有产出。主要成分为含白云母石英岩。一般为纯白色，半透明（图 5-43）。缅甸产出的京白玉可达到完全透明，类似于水晶（图 5-44），在缅甸和云南市场上也被称为"水沫玉"，但并非钠长石玉，属于多晶质的石英质玉。

京白玉可以仿和田玉（羊脂白玉），透明的可以模仿冰种或玻璃种翡翠。

图 5-43　京白玉

图 5-44　透明石英岩玉

京白玉主要特征如下。

(1) 细粒石英矿物集合体，断面为糖粒状结构，显油脂光泽。

(2) 透射光下为点状"棉絮"，等粒网格状结构（图 5-45），有一定的定向性。

(3) 折射率为 1.550，抛光面呈玻璃光泽。

(4) 相对密度为 2.65 左右，手掂相对要轻。

图 5-45

石英岩呈等粒结构，有定向性 (×20+)

(5) 硬度高，为 7，抛光面平整光滑，无划痕。

由于京白玉结晶颗粒粗，结构疏松，染料容易渗透，经常被用来进行人工染色或注胶染色处理来模仿翡翠制品，俗称"马来玉"。

3）黄龙玉

属于黄色石英岩，最早称为"黄蜡石"，为久经风化剥蚀的鹅卵石，质地细腻，千疮百孔，造型形态各异，以观赏石为主（图5-46）。后在云南省龙陵县发现了原生产出的黄色石英岩，遂根据产地被命名为为"黄龙玉"，并成为了云南当地产出的主要玉石品种之一。黄龙玉属于石英岩，黄色为表生氧化铁质浸染所致。黄龙玉具有以下特征。

（1）黄龙玉以块状、厚板状为主，具层状构造，属于沉积成因（图5-47）。

图5-46 黄色石英岩（黄蜡石）

图5-47 板状黄龙玉原石

（2）玉质地细腻，透明—半透明，颗粒感不明显；自然断面为显晶质的等粒结构，显微镜下石英颗粒呈等粒结构，与正常石英岩玉一致（图5-48），间隙内充填有褐黄色氧化铁质，这是黄龙玉出现黄色的主要原因（图5-49）。

图5-48 黄龙玉内部石英的等粒结构（X10+）

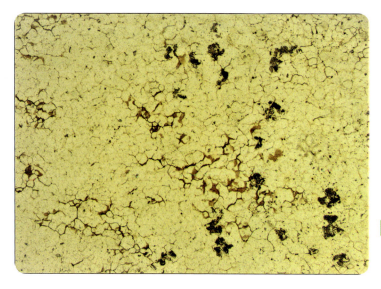

图 5-49 氧化铁质沿石英颗粒间隙分布

(3) 颜色鲜艳,以黄色调为主,还有亮黄色、褐黄色、褐红色和白色,呈条带状分布。

(4) 经表生氧化锰和铁质浸染,可出现各类风景图案,类似树模石的图案特征(图 5-50、图 5-51)。

图 5-50 具风景图案的黄龙玉原石

图 5-51 黄龙玉构成的风景图案

(5) 抛光面为玻璃光泽,自然断面为油脂光泽;质量轻,相对密度为 2.65 左右。

黄龙玉属于沉积成因的石英岩,黄色是由近地表的氧化铁质浸染所致,使得颜色多为条带状或各类风景图案,质地细腻圆润,是雕刻的好材料(图 5-52),但由于是显晶质石英集合体,结合的紧密度相对不够,结构疏松,比较容易失水产生干裂、泛白和褪色现象。因此，成品在平时应做清水浸泡、抹油、打蜡等保养防护处理，否则会出现干裂（图5-53）。

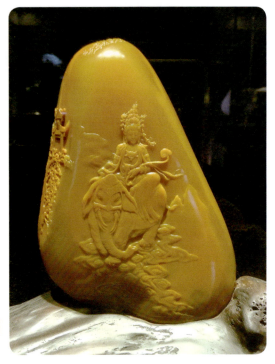

图 5-52 黄龙玉摆件

图 5-53 黄龙玉失水产生的裂纹

4）砂金石

含云母石英岩，内部较多定向分布的片状云母，在光线照射下会出现鳞片状闪光的"砂金效应"（图5-54）。砂金石受氧化铁质浸染，一般为黄色、褐色和白色，在多个地区都有产出，包括广东的金砂玉、新疆金丝玉等。

图 5-54　砂金石

石英岩玉由于颗粒粗，结构疏松，比较容易失水而产生干裂，平时需注意养护。这也是石英岩玉比较容易染色的原因。

经过加热再直接用染料染色的称为染色石英岩玉，染绿色的也称为"马来西亚玉"（俗称"马来玉"）（图5-55），是最早引来模仿高端翠绿色翡翠的品种之一，

图 5-55　染色石英岩（马来玉）

也有染紫色或其他颜色的，可以仿翡翠毛料（图5-56）；经过酸侵蚀、注胶和染色处理的石英岩玉称为B+C货石英岩玉，可以增加透明度，经染色来模仿玻璃种、冰种、油青、蓝水或飘蓝花等各种翡翠制品（图5-57）。

图 5-56

染紫红色做假皮仿翡翠赌石的染色石英岩玉

图 5-57

B+C货石英岩玉（上排）和翡翠（下排）

染色石英岩玉与翡翠的鉴别特征如下：

（1）无翠性，粗糙面显示等粒结构，油脂光泽，不见"苍蝇翅"。

（2）抛光面光滑平整，不会出现"橘皮纹"特征。B+C货石英岩玉表面可见酸蚀纹特征，但酸蚀纹网格状接近等大，与B货或B+C货翡翠的酸蚀纹网格大小不一有所不同（图5-58）。

图 5-58

B+C货石英岩玉（左）与B+C货翡翠（右）酸蚀纹比较

（3）颜色分布均匀，发散无色根，透射光下颜色沿矿物间隙分布（图5-59），并呈等粒网格状出现，有一定定向性，绿色颜料长时间受氧化色调会泛黄变淡（图5-60、图5-61）。

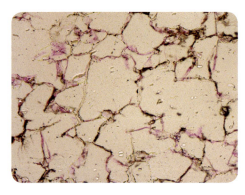

图 5-59

染色石英岩染料充填于石英颗粒缝隙中（X10-）

图 5-60　B+C货石英岩玉等粒网格状结构

图 5-61　染料呈丝网状分布，并定向性

（4）戒面底部的平整抛光面会出现因热胀冷缩导致的凹陷状收缩坑（图5-62），翡翠戒面不会出现，这现象在二氧化硅质的石英岩玉、玛瑙和玉髓中都会出现。

（5）玻璃光泽，折射率为1.55，亮度较翡翠稍弱。

（6）质量轻，相对密度为2.65，手掂轻飘，坠手感不强。

图 5-62　染色石英岩玉戒面背后的收缩坑

2. 微晶质—隐晶质二氧化硅——玉髓

微晶质—隐晶质二氧化硅是指用肉眼观察几乎看不到颗粒感的细小石英矿物集合体。典型代表是玉髓，属于近地表氧化性黏土层的裂隙中有二氧化硅质充填沉淀所致。主要特征如下。

图 5-63　板片状产出的绿玉髓

（1）产出呈不规则的脉状、板片状，厚度不大，两侧均为红色黏土物质皮层（图5-63）。

（2）颜色有绿色、蓝色和黄色等，比较均匀，一般绿色为Ni^{2+}致色，绿色偏蓝味；蓝色与还原性的Fe^{2+}有关，黄色为氧化性的Fe^{3+}浸染。

（3）半透明—微透明，折射率为1.535～1.539，玻璃光泽。

（4）相对密度为2.63～2.65，质地细腻，断面呈参差状断口，颗粒感不明显，显微镜下为等粒细晶结构（图5-64）。

（5）内部均匀，干净，"棉絮"少见。

玉髓主要品种如下：

绿玉髓：绿玉髓产出地比较

图 5-64　玉髓细粒结构（×10+）

广泛，（图5-65），以澳大利亚的最为有名，称为"澳洲玉"。颜色较均匀，为绿色—蓝绿色，Ni^{2+} 致色，色调绿中偏蓝，在查尔斯滤色镜下不变色，质地细腻，看不见颗粒感。绿玉髓与翠绿色翡翠相似，但根据绿色偏蓝味，过于均匀，无色根，无"棉絮"，质量较轻，无翠性，表面光滑，没有橘皮纹，内部均匀无颗粒感等特征可与翡翠区别。

图 5-65　绿玉髓

蓝玉髓：浅蓝色，呈板片状或同心圆状产出（图5-66）。在市场上蓝玉髓与紫罗兰翡翠相似，但蓝玉髓色调偏蓝，过于均匀，质地细腻，无颗粒感，可具有纹层结构，无翠性可与紫罗兰翡翠区别（图5-67）。蓝玉髓主要用于做戒面、挂件和手把件，作为摆件的体积都不大（图5-68）。

图 5-66　蓝玉髓

图 5-67　蓝玉髓（上）与紫罗兰翡翠（下）

图 5-68　蓝玉髓雕件

黄玉髓：呈板片状产出，黄色，颜色均匀，质地细腻，颗粒感不明显，以产于缅甸的为特征，被称为"缅甸黄龙玉"（图5-69），但从产出状态和内部微细粒集合体结晶比较（图5-70），应当属于玉髓一类，为"黄玉髓"。由于比较致密细腻，不会褪色，也不会干裂，质量比黄龙玉要好（图5-71）。

玉髓产出为板片状，厚度不大，主要用于做挂件、耳坠或戒指。

图 5-69　缅甸黄玉髓

图 5-70　缅甸黄玉髓细粒结构，与玉髓相似（×25+）

图 5-71　缅甸黄玉髓

3. 隐晶质—胶质二氧化硅——玛瑙

隐晶质—胶质的二氧化硅以玛瑙为代表。

1）主要特征

（1）产出以带有同心圆的纹带结构为特征，纹带清晰、连续，呈圈层状分布（图5-72）。

图 5-72　玛瑙的同心圆纹层结构

（2）隐晶质—胶质集合体结构，质地细腻，无颗粒感。

（3）自然断面显示贝壳状断面（图5-73），而石英岩玉和玉髓都为参差状断面。

图 5-73　玛瑙的贝壳状断面

（4）透射光下可显示胶状体大小不一的六边形蜂窝状结构（图5-74），类似北京的水立方体育馆特征，可形象比喻为"水立方结构"（图5-75）。

图5-74 玛瑙的"蜂窝状"胶状结构　　图5-75 北京水立方体育馆

（5）显微镜下为胶状放射细晶结构（图5-76）。

2）种类

玛瑙的品种繁多，根据纹带特点和产出特征可以分为以下几种（图5-77）。

（1）缟玛瑙：纹带黑白相间，反差明显。

（2）缠丝玛瑙：纹带红白相间，为八月生辰石。

（3）苔藓玛瑙：含绿泥石包裹体，呈水草状、絮状、条带状分布，也称为"水草玛瑙"。

图5-76

玛瑙细粒胶状放射细晶结构（×10-）

图5-77　各类玛瑙

图 5-78　南红玛瑙

图 5-79　南红珠链

图 5-80　四川红玛瑙

（4）风景玛瑙：内部渗透有一些次生的氧化铁质、氧化锰质杂质成分，呈放射状、树枝状、花瓣状分布，构成各种山水、树木、风景画图案的玛瑙。风景玛瑙类似于黄龙玉的风景石，但风景玛瑙不会褪色，也不会产生干裂。

（5）水胆玛瑙：玛瑙同心圆状内部空洞中含有水分的玛瑙。

（6）南红玛瑙：以红色为主色调的玛瑙，市场上主要有"保山红"、"川红"和"非洲红"。"保山红"指产出于云南保山地区火山岩中的红色玛瑙（图 5-78），颜色红色带黄味，半透明，性脆、裂多，一般不能作为大件，主要制作珠串（图 5-79）。"川红"产于四川凉山地区，比较透明，颜色偏紫红色，材料体积相对要大，裂少，可用于做挂件和摆件（图 5-80、图 5-81）。"非洲红"是产于非洲莫桑比克，颜色暗红—紫红，以玛瑙蛋形式产出，产出量比较大，但颜色不稳定，容易变浅（图 5-82、图 5-83）。

图 5-81　川红摆件

图 5-82　非洲红玛瑙

图 5-83　非洲红吊坠

（7）战国红玛瑙：产于河北宣化一带，红褐色—黄褐色，呈条带状分布，黄红色带，反差明显但透明度不高（图5-84）。

（8）印度玛瑙：玛瑙化石英岩，为多色玛瑙，颜色比较丰富，有绿色、白色、红色、黄色、黑色等，呈块状、不规则条带状构造，半透明—不透明（图5-85），与蚀变石英岩共生。由于色彩丰富、材料体积比较大，且便宜，可以随意根据设计思路创作作品，往往是巧雕摆件的较好材料（图5-86）。

隐晶质—胶质的玛瑙质地比较细密，抛光表面反光也会显得更光亮；石英岩是显晶质石英集合体，颗粒粗，反光会弱一些，经过强酸侵蚀注胶处理的B+C货石英岩玉，表面会出现酸蚀纹，反光也就更弱了（图5-87）。

图 5-84 战国红玛瑙

图 5-85 印度玛瑙

图 5-86 印度玛瑙巧雕摆件

图 5-87 由左至右：B+C货石英岩玉、东陵玉、玛瑙，反光点明锐度明显不同

四、蛇纹石玉（岫玉）

蛇纹石玉因辽宁省岫岩县产出最为有名，又称为"岫玉"，其以质地温润、晶莹、细腻、性坚、透明度好、颜色多样而著称于世，自古以来一直为人们所垂青和珍爱，是中国最早发现的玉器制品（图5-88）。

图 5-88

春秋晚期由蛇纹石玉雕刻的"璜"

1. 蛇纹石玉种类

蛇纹石玉按颜色分可划分为青绿色、黄绿色、黄色、黄白色、黑色等类型。按产出可以划分为山料：井玉、坑玉、石包玉，水料："河磨玉"。

2. 蛇纹石玉特征

蛇纹石玉主要是超基性岩浆岩蛇纹石化的蚀变产物。主要特征如下。

（1）折射率低，为1.560～1.570，油脂光泽，反光点不集中，表现为向外逐渐发散（图5-89）。

（2）硬度低，为5～5.5，表面容易产生磨损和划痕。

（3）相对密度小，为2.57，手掂较轻。

（4）质地细腻，无颗粒感，黑色者为"墨玉"，可含有黑点状磁铁矿等杂质矿物

图 5-89　岫玉的油脂光泽

（图 5-90）。

（5）颜色均匀，以黄绿色为主，无色根，无翡翠翠性特征。

3. 蛇纹石玉产地

蛇纹石玉产地玉产地较多，国内外都有分布。主要产地如下。

辽宁岫岩：产于辽宁省岫岩满族自治县，又称"岫岩

图 5-90　蛇纹石质"墨玉"

玉"，颜色有黄绿色、绿色、黄白色、黑色等；质量较好，质地透明、细腻、圆润（图 5-91），产出量较大，可形成一座小山的玉体（图 5-92），是市场上出现最多的蛇纹石玉品种，质量一般的蛇纹石玉呈脉状、树枝状分布与围岩中，整体抛光后构成一幅风景画（图 5-93）。

图 5-91　辽宁岫玉

图 5-92　辽宁岫岩巨型岫玉玉体

图 5-93　蛇纹石玉风景石

广东信宜、罗定：也称"南方玉"，产量也比较大，黄绿色，多用于做工艺品和装饰品（图5-93）。

甘肃酒泉：祁连玉，又称"酒泉玉"，雕刻后作为摆件的较多，以"夜光杯"而著名。

陕西蓝田：蓝田玉，蛇纹石化蚀变岩，质地细腻，但透明度与岫岩玉相比要差一些。

另外，还有山东的莱阳玉、新西兰的鲍文玉、美国的威廉玉和朝鲜的高丽玉等。朝鲜的高丽玉颜色偏黄，以黄色—黄绿色为多（图5-95）。

蛇纹石玉常作为仿古玉石材料进行"淬色"处理，将制品加热并快速浸入颜料中，由于热胀冷缩作用会使玉石制品表面产生许多网格状裂纹，颜料也随之渗透进去，称为"血丝玉"，从而达到染色仿古的目的（图5-96）。

图 5-94　蛇纹石玉"南方玉"

图 5-95　朝鲜高丽玉原石

图 5-96　淬色染色的"血丝玉"岫玉手镯

五、独山玉

独山玉因产于南阳市唯一的小山——"独山"而得名（图 5-97），也称为"独玉"或"南阳玉"。主要特征如下。

图 5-97　南阳独山

（1）蚀变岩浆岩，矿物成分为黝帘石化斜长岩，因含有钾长石，会出现棕红色。

（2）颜色多样，有白色、绿色、蓝绿色、墨绿色、紫色、棕色、黑色等，为多色玉石品种，颜色常呈条带状分布（图 5-98）。

（3）光泽为油脂—玻璃光泽。

独山玉颜色多样，是巧雕的好材料，大部分独山玉都是以巧色巧雕的摆件作品出现，也成为河南玉雕的一枝独秀（图 5-99～图 5-102）。

图 5-98　独山玉原石

图 5-99　独山玉手把件（独白玉）

图 5-100　独山玉摆件

图 5-101　独山玉摆件

图 5-102　独山玉摆件

六、大理石玉

大理石玉又称为"汉白玉",市场上也称"阿富汗玉"(图5-103)。主要特征如下。

(1) 矿物成分为方解石（$CaCO_3$）,为碳酸盐,滴盐酸会起泡。

(2) 颜色以白色为主,也见有黄色、黄绿色、浅蓝色、粉色和黑色等。

(3) 硬度比较低,摩氏硬度为3,小刀可刻划动。

图 5-103　汉白玉

(4) 表面光泽不强,容易产生较多擦痕。

(5) 相对密度小,为2.70,手掂较轻。

大理石玉具有两种成因,即沉积成因和变质成因。

1. 沉积成因

由水溶液中含碳酸钙成分的化学物质沉积产生。包括海洋、湖泊或溶洞沉积的碳酸盐。特征：具有纹层状构造,定向柱状结构,定向的柱状结晶方向与沉积纹层方向相垂直；质地细腻，有白色、黄色、黄绿色、粉红色等颜色（图 5-104～图 5-109）。

图 5-104　条带状大理石出现的两个方向垂直纹路

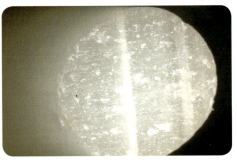

图 5-105　大理石方解石平行微晶与生长纹路垂直

图 5-106　大理石玉烟灰缸

图 5-107　黄绿色大理石玉

图 5-108　沉积条带状大理石玉制作的"猪肉石"

图 5-109　黄绿色、白色与粉红色的大理石玉工艺品

2. 变质成因

由沉积的碳酸钙经过变质作用形成。特点是出现变形条带状构造，糖粒状结构，结晶颗粒较粗；以白色、黑白相间、绿白相间的条带为多，是典型的变质大理石（图5-110）；少数出现紫红色大理石。

大理石玉由于硬度低，易碎，作为玉石佩戴表面比较容易磨蚀而失去光泽或出现划痕，价值不高，市场上主要作为摆设类装饰性工艺品出现。但纯净白色、质地细腻的大理石玉与和田玉相类似，可以根据其硬度低，表面容易产生划痕相区别。

在市场上还有利用大理石玉原石染色做假皮仿紫罗兰翡翠毛料的（图5-111～图5-113），可以通过颜色分布在毛料近表层的空隙中，呈丝网状分布以及硬度低等特征来区别。

图 5-110

变质成因具绿色条带状构造的大理石玉

图 5-111

染紫色做假皮仿翡翠的大理石玉

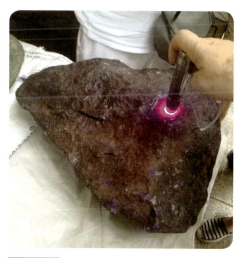

图 5-112

染紫色做假皮仿翡翠赌石的大理石玉

图 5-113

染色大理石玉紫色在周边分布

七、水钙铝榴石

水钙铝榴石[$Ca_3Al_2(SiO_4)_{3-x}(OH)_{4x}$]又名"青海翠",当铬($Cr^{3+}$)替代部分铝($Al^{3+}$)后可出现翠绿色(图5-114),因此可冒充翡翠。

主要特征:颜色为白色、黄色、翠绿色和黄棕色,绿色呈点状、团块状出现,质地细腻,油性足,折射率高,达到1.72,光泽强,显强玻璃光泽;相对密度较翡翠大,为3.47,手掂有明显坠手感。

水钙铝榴石与糯化地的翡翠十分相似,主要区别是颜色呈团点状出现,查尔斯滤色镜下绿色会显红色;原石表面无"苍蝇翅";抛光面光滑平整,无"橘皮效应";内部"棉絮"呈点状、团块状分布,而非交织结构;密度大,比翡翠坠手感要强。

图5-114 水钙铝榴石

八、钙铝榴石

钙铝榴石的颜色主要是褐黄色和白色，光泽和密度都与翡翠相近，可以用它来冒充高档黄翡翡翠或冰种翡翠（图 5-115、图 5-116）。

主要特征：颜色以黄色、黄褐色和白色为主，折射率较高（1.710），光泽明亮，玻璃—亚金刚光泽；相对密度大（3.40），有明显坠手感；质地细腻无颗粒感，半透明，无翠性，原石表面无"苍蝇翅"、抛光面无"橘皮纹"、内部无交织状无絮状物，而是呈团块状白棉出现。

图 5-115　钙铝榴石　　图 5-116　钙铝榴石原石

九、玻　璃

玻璃是用于仿宝石和玉石中最为常见的人工品种。人们可以根据需要，配制出各种各样颜色、光泽、透明度、折射率和密度的玻璃，用来模仿各类宝石或玉石。因此，玻璃与天然宝玉石最不同的就是没有固定的折射率和密度值，颜色、光泽和透明度也都会有变化，使之成为宝玉石中被经常用来制作仿制品、也最容易被上当受骗的品种，对玻璃的鉴别，也是宝玉石鉴别的重点之一。

但不论怎样，玻璃仍然是人工的非晶质物质，都会留下一些人工制作的痕迹，可以加以鉴别。玻璃的主要成分是 SiO_2，其他成分会掺杂有 K_2O、Na_2O、CaO、PbO 等，以及配色的稀土元素或其他成分，导致颜色、光泽、密度的变化。主要类型如下：

1. 冕牌玻璃

冕牌玻璃成分为 $SiO_2 + Na_2O + CaO$,为常见的玻璃种类,可以调配不同的颜色来模仿不同的宝石;包括市场上出现的模仿翡翠的绿色"冰翠"(图 5-117)和"蓝水玻璃"(图 5-118、图 5-119)。

图 5-117
市场上所谓的绿色"冰翠"玻璃制品

图 5-118
"蓝水玻璃"冒充高端翡翠毛料

图 5-119
市场上出现的"蓝水玻璃"制品

2. 铅玻璃(燧石玻璃)

铅玻璃成分为 $SiO_2 + PbO + K_2O$,因为有铅的加入,质量增加,光泽也增强,可出现金刚光泽和闪烁的火彩,以模仿钻石等高折射率宝石,也可以制作成色彩斑斓的琉璃工艺品(图 5-120)。

图 5-120 琉璃制品

3. 微晶玻璃

通过将含 CaO 玻璃进行温火加热,让其产生脱玻化重结晶作用,结晶出一些细小的硅灰石微晶,形成微晶玻璃,由于有细小的硅灰石针状微晶,使透明度降低,光泽也由原来的玻璃光泽变为油脂光泽,可模仿白玉或翡翠等玉石（图 5-121～图 5-124）。

图 5-121　蓝色微晶玻璃

图 5-122　仿翡翠绿色微晶玻璃

图 5-123　仿和田玉微晶玻璃

图 5-124　仿玉石乳化玻璃

4. 玉（乳）化玻璃

在制作玻璃过程中加入矿物粉末，用以降低透明度，呈现出半透明的特征，达到模仿玉石的目的。玉化玻璃可以通过模型浇铸形式制作一些仿玉石玻璃器件（图 5-125、图 5-126）。同时可通过充气形式增加内部"棉絮"，降低透明度来仿天然制品，如所谓的"红水晶"其实就是含有大

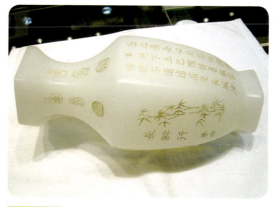

图 5-125　仿白玉乳化玻璃花瓶

图 5-126　乳化玻璃铸模卧佛

图 5-127　红色玻璃充气仿天然水晶棉絮

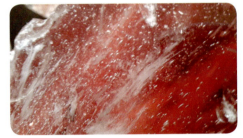
图 5-128　红色玻璃内大量的气泡

图 5-129　红色玻璃仿水晶制品

量气泡的染红色玻璃（图 5-127～图 5-129）。

5. 玻璃砂金石

玻璃中加入细小金属铜片，模仿天然砂金石（图 5-130）。

6. 玻璃猫眼

利用光导玻璃纤维熔制的玻璃，由于玻璃纤维的定向排布，导致弧面部位会出现猫眼效应，而达到模仿猫眼宝石的目的（图 5-131）。

图 5-130　玻璃砂金石

图 5-131　玻璃纤维猫眼

玻璃鉴别特征主要包括以下几个方面。

（1）颜色过于均匀，有漂浮感，不见色根。

（2）硬度低，为 5～5.5，表面可出现明显的擦痕和气泡圆形坑（图 5-132、图 5-133）。

图 5-132　乳化玻璃表面的气泡坑和划痕

图 5-133　仿鸡血石玉乳化玻璃表面的圆形气泡坑

（3）内部可见气泡（图 5-134）和制作玻璃过程中流动产生的漩涡纹（图 5-135、图 5-136），或出现圆点状、圆团块状的未融化粉末。

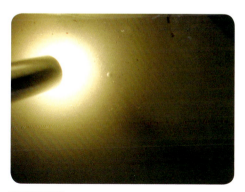

图 5-134　乳化玻璃卧佛内部出现的气泡

图 5-135　微晶玻璃上的平行漩涡纹

图 5-136

蓝玻璃透光下出现的漩涡纹和气泡

(4) 导热性差,手摸不显冰凉,反而有温感。

(5) 仿宝石玻璃显均质性,偏光镜下全消光或出现扭曲黑十字的异常消光,微晶玻璃显示为全亮的聚合消光。

(6) 微晶玻璃的微晶呈放射针状分布(图 5-137)或微晶呈定向平行纹路分布(图 5-138)。

图 5-137

微晶玻璃中放射状分布的硅灰石微晶

图 5-138

仿和田玉微晶玻璃透光下可见密集平行纹路

（7）浇铸玻璃有铸模痕，棱线圆滑，平面出现有凹陷的收缩坑，边缘表面可出现圆形烧结坑（图5-139）。

图 5-139

玉化玻璃表面的圆形烧结坑

（8）玻璃砂金石可见呈六方形和三角形分布的结晶铜片（图5-140）。

（9）玻璃猫眼眼线平直、清晰，过于规整均匀，从眼线的侧面观察会出现六边形蜂窝状结构（图5-141）。

（10）折射率不固定，1.500～1.700均可出现，可显示油脂光泽、玻璃光泽或金刚光泽，火彩也各异。

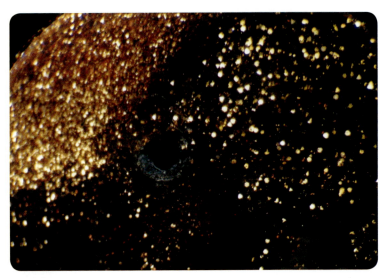

图5-140
玻璃砂金石中多边形金属片及气泡圆坑

图5-141
玻璃纤维猫眼的蜂巢状结构

第六讲
翡翠的仪器鉴定

一、晶体的描述与对称组合类型划分

晶体是具有内部空间格子构造和一定固定外形组成的固体。因此，对晶体的描述也是从这两方面入手的：内部空间格子和外部晶体形态。

（一）晶体的空间格子

晶体的空间格子是指晶体内部的质点做周期性、有规律的重复排列，并在三维空间上延伸形成的空间格架。

晶体的空间格子在三维空间可以划分出的最小重复单位称为平行六面体（图6-1）。犹如一栋高楼大厦都是由一块块砖头垒砌出来的一样，晶体的平行六面体就像一块块砖头，组合的大小和方向不同，形成的晶体格架也各不相同，从而出现了不同的矿物晶体。

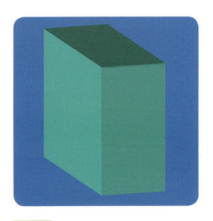

图6-1 晶体平行六面体

在实际晶体中，组成晶体的最小单位称为单位晶胞（Unit cell），形象的比喻就是晶体的细胞。单位晶胞以晶胞参数来进行描述（图6-2），包括了以下几个方面。

结晶轴：X、Y、Z；

轴单位：a_0、b_0、c_0；

轴角：$\alpha(Y \wedge Z)$、$\beta(X \wedge Z)$、$\gamma(Y \wedge Z)$。

任何晶体只要轴单位（大小）和轴角（方向）确定了，其晶体的空间格子特征也就确定了。

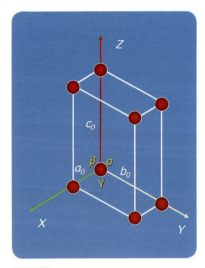

图6-2 晶体空间格子及晶胞参数

晶体的空间类型有四类（图6-3）。

原始格子（P）：结点分布于平行六面体的顶角；

底心格子（C）：结点分布于平行六面体的顶角及一对面的中心；

体心格子（I）：结点分布于平行六面体的顶角及中心；

面心格子（F）：结点分布于平行六面体的顶角及每个面中心。

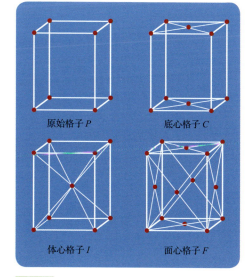

图 6-3　晶体的空间格子类型

（二）晶体的对称要素

对任何物体的外形，一般都会利用对称的法则去描述。对称是指借助某一要素，可使相同部分达到完全重复的性质。如"某某人长得很匀称""某个绘画构图非常对称、平稳"等。对称让人感到舒适、平稳，是和谐、稳定的表现。

晶体的外部轮廓，也是用对称原理来进行描述，主要对称要素包括对称面（P）、对称轴（L）和对称中心（C）。

对称面（P）：一假想平面，晶体在平面的两侧部分呈镜像对应关系。

对称轴（L^n）：一假想的直线，晶体的部分通过该直线旋转一定角度而达到完全重合。对称轴主要包括了二次轴、三次轴、四次轴和六次轴。对称轴类型如表6-1所示。

表 6-1　对称轴类型

名称	符号	基转角
二次轴	L^2	180°
三次轴	L^3	120°
四次轴	L^4	90°
六次轴	L^6	60°

轴次（n）= 360°/旋转角度。是旋转一周能够重复的次数。晶体中只会出现二次、三次、四次和六次旋转轴，不会出现五次轴。

对称中心（C）：一个假想的点，质点通过该点的反伸而达到重合（图6-4）。

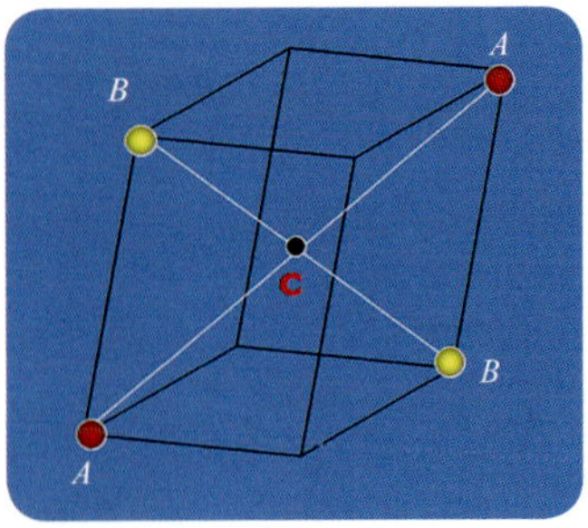

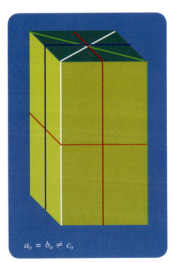

图6-4　对称中心

（三）晶体的对称组合

自然界的矿物晶体千姿百态，但所有规则的晶体形态概括起来就是三种类型：立方体型、正长方体型和长方体型。不同形态具有不同的对称组合特征。以对称面为例，三种类型的对称面组合也各不相同。

1. 立方体型（$a_0 = b_0 = c_0$）

长、宽、高3个方向的边都相同，可具有最高9个对称面的组合（图6-5）。

（1）垂直晶面和通过晶棱中点，彼此相互垂直的3个对称面；

（2）包含一对晶棱，垂直斜切晶面的6个对称面。

2. 正长方体型（$a_0 = b_0 \neq c_0$）

长、宽两个方向的边相同，但高不同，具有介于中间的5个对称面组合（图6-6）。

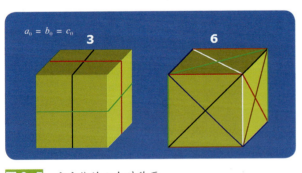

图6-5　立方体的9个对称面

图6-6

正长方体的5个对称面

（1）垂直晶面和通过晶棱中点，彼此相互垂直的 3 个对称面；

（2）上下底面对角线方向 2 个对称面。

3. 长方体型（$a_0 \neq b_0 \neq c_0$）

长、宽、高 3 个方向的边都不同，具有最低的 3 个对称面组合（图 6-7）。

垂直晶面和通过晶棱中点，彼此相互垂直的 3 个对称面。

由此可见，不同晶体形态的对称组合是不同的，长、宽、高 3 个边都是均等的立方体型具有最高的对称组合，有 9 个对称面；两个边相同、一个边不同的正长方体型具有中等的对称组合，为 5 个对称面；3 个边均不相等的长方体型具有最低的对称组合，只有 3 个对称面。因此，将晶体的对称组合对应地划分为三大晶族，再根据晶族中对称特征的不同，细分为 7 个晶系（表 6-2）。

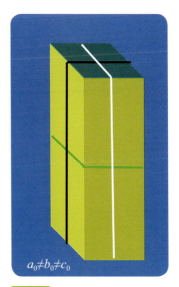

图 6-7

长方体的 3 个对称面组合

表 6-2　晶体对称组合的分类表

典型几何形态	晶胞参数特征	对称面组合	晶族	晶系
立方体	$a_0=b_0=c_0$	9 个对称面	高级晶族	等轴
正长方体	$a_0=b_0 \neq c_0$	5 个对称面	中级晶族	三方、四方、六方
长方体	$a_0 \neq b_0 \neq c_0$	3 个对称面	低级晶族	斜方、单斜、三斜

高级晶族（$a_0=b_0=c_0$）：等轴晶系；

中级晶族（$a_0=b_0 \neq c_0$）：三方晶系、四方晶系、六方晶系；

低级晶族（$a_0 \neq b_0 \neq c_0$）：斜方晶系、单斜晶系、三斜晶系。

常见宝石的对称组合分类见表6-3。

表6-3 常见宝石的对称组合分类

晶族	晶系	常见宝石
高级	等轴	金刚石、石榴石、尖晶石
中级	六方	祖母绿、海蓝宝石
	四方	锆石
	三方	红宝石、蓝宝石、碧玺、水晶
低级	斜方	黄玉、橄榄石、金绿宝石
	单斜	透辉石
	三斜	拉长石、月光石

（四）均质性与非均质性

从晶体的对称分类可以看出，高级晶族3个方向的边都是均等的，反映到不同方向的折射率也会具有相同性，称为均质性；同时，非晶质物质也是各向同性的，也属于均质性范畴。但中级晶族有一个方向的边不均等，低级晶族3个方向的边都不均等，不同方向的折射率也不均等，称为非均质性（表6-4）。

均质性：包括了高级晶族晶体和非晶质物质，只会有1个折射率值；

非均质性：包括中级晶族和低级晶族晶体，会具有2～3个折射率值。

表6-4 均质性与非均质性

性质	结晶轴	晶族	折射率值个数
均质性	$a_0=b_0=c_0$	等轴晶系	1
		非晶质	
非均质性	$a_0=b_0 \neq c_0$	中级晶族	2
	$a_0 \neq b_0 \neq c_0$	低级晶族	3

均质性与非均质性是鉴定宝石的最基本依据。不同宝石由于结晶习性的不同，使得自身的晶族和晶系也不同。因此，可以根据宝石的均质性与非均质性的不同，利用相关仪器来判别宝石。

二、翡翠仪器鉴别

常规鉴定翡翠的仪器有折射仪、偏光仪、分光镜、紫外灯、滤色镜、放大镜、显微镜、电子天平等。

大型仪器有红外光谱仪、拉曼光谱。

（一）折射仪

用于测量宝玉石折射率的仪器，主要利用全内反射原理对宝石折射率进行测量（图6-8）。

1. 仪器结构

部件包括高折射率棱镜（立方氧化锆）、透镜、标尺、反射镜、目镜。

附件包括以下几种。

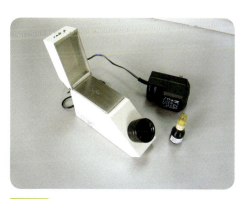

（1）光源：标准黄光源，波长为

图6-8 折射仪（飞博尔珠宝科技提供）

589.5nm，可用黄色二极管或单色滤色镜片制成光源，有内置式和外置式两类；

（2）偏光目镜：用于检测非均质宝石折射率；

（3）折射油：又称接触液，为高反射率试剂，保证宝玉石与高折射率棱镜台面充分接触。

一般折射仪折射率的测定范围是1.400到折射油折射率值。折射油根据调配的不同，折射率值（RI）也不同：① RI为1.810时，折射油为二碘甲烷＋饱和溶解硫＋四碘乙烯；② RI为1.790时，折射油为二碘甲烷＋饱和溶解硫；③ RI为1.740时，折射油为二碘甲烷。

折射油的折射率最高为1.810，常用的是1.790的折射油。绝大部分宝玉石都可以在折射仪测得折射率值，但也有一些高折射率的宝石无法利用折射仪测出折射率，如钻石、合成碳化硅、合成立方氧化锆、金红石等。

2. 测定方法

1）精确测定法

针对于刻面型宝石折射率的测定方法。可以比较精确的测定宝石的折射率，但要求宝石必须要有完好的抛光平面。

a. 操作步骤

（1）清洗宝石和折射仪棱镜（高折射率玻璃台面）；

（2）在棱镜中央适当滴一滴折射油（图6-9）；

（3）将刻面宝石一平整刻面放到棱镜上（一般为宝石台面）（图6-10），观察折射仪内阴影线位置，读取读数，一般读取小数点后三位；

（4）记录折射率结果；

（5）取出宝石，并将宝石和棱镜台面擦拭干净。

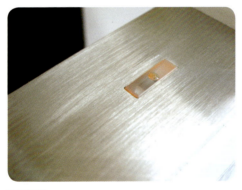

图 6-9

在玻璃载物台上滴适当一滴折射油

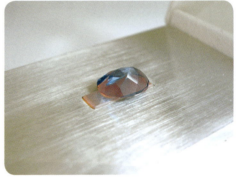

图 6-10

将宝石推入玻璃载物台上，压平

b. 现象与解释

（1）均质性：目镜中见一条明暗界线，只能测出一个折射率值（图6-11）。包括等轴晶系宝石和非晶质宝石。如尖晶石、石榴石、玻璃等。

（2）非均质性：目镜中可见两条明暗界线，可测出两个折射率值（图 6-12），主要为中级晶族和低级晶族的宝石。

精确测定法是常用的宝石折射率测定方法，使用中需要注意以下几点。

（1）折射油不宜过多或过少。过多宝石容易漂浮于折射油之上，显示的明暗界线会不清晰，且浪费折射油；过少显示的明暗界线也会不清晰。

（2）宝石放于折射油之上后，向下轻压宝石，让宝石刻面与棱镜台面充分接触，才能不至于读数出现偏差。

（3）一边转动目镜上面的偏光目镜一边观察，如果影线只出现一条，且转动偏光目镜不会发生变化，说明是均质性宝石，只有一个折射率值；如果影线会上下移动，说明为非均质性宝石，有两个折射率值。

（4）非均质性宝石的两个折射率值相差不大时，可以用手轻轻转动宝石 45°～90°，转动宝石过程中观察宝石两个折射率值变化，当旋转到某一个角度两个折射率数值相隔距离最大时，就是非均质性宝石的最大和最小折射率值。

（5）在 1.790（或 1.810）位置出现有明暗影线，为折射油折射率值（图 6-13）。

（6）当宝石折射率超过折射油折射率值时，只会出现折射油折射率值（1.790），并同时出现多条平行影线，类似于一个个台阶，此

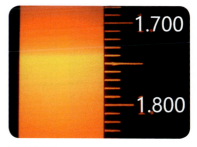

图 6-11

均质性宝石只有一个折射率值

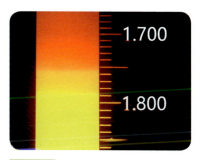

图 6-12

非均质宝石具有两个折射率值

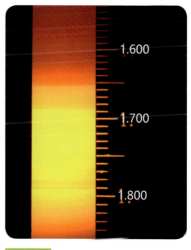

图 6-13

1.790 位置为折射油数值

图 6-14

宝石折射率超过折射油数值出现"负度数"

图 6-15

远视法测定宝玉石折射率

时称为"负度数"(图 6-14)。

2)点测法(远视法)

用于测量弧面型宝玉石或刻面过小的宝石的近似折射率,大部分的翡翠玉石表面都是不平整的,可以选取某一个抛光比较好的弧面位置来进行远视法测量折射率,这是测量玉石折射率的常用方法(图 6-15)。

操作步骤如下:

(1)在棱镜中央滴少许折射油,切勿过多(图 6-16);

(2)将弧面型宝玉石弧面朝下置于折射油上(图 6-17),对于较大玉石可以寻找一个抛光较好的弧面,手持玉石,将弧面直接点于棱镜的折射油上,持稳玉石;

(3)眼睛与折射仪目镜保持 1 尺(1 尺 =33.3cm)左右距离,通过目镜观察宝玉石在折射仪上的影像;

(4)通过目镜可见一黑色圆点状宝玉石影像;

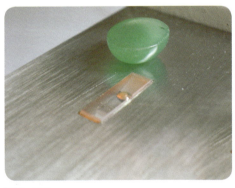

图 6-16

点适当折射油于玻璃载物台上

图 6-17

弧面型宝玉石置于玻璃载物台面上

(5)上下轻微移动头部,使目镜中宝玉石影像随着上下移动而出现明暗变化,往上影像全部变黑,往下宝玉石阴影逐渐变亮(图 6-18、图 6-19);

（6）当上下移动头部使得宝玉石影像正好为一半明、一半暗的位置时（图6-20），明暗界线所对应的折射率刻度值即为所测宝玉石的折射率值；

图 6-18　阴影全暗

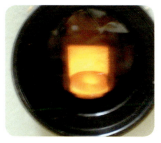
图 6-19　阴影全亮

图 6-20　阴影半明半暗

（7）折射率值取小数点后两位。

点测法只能测到一个折射率值，不能区分非均质性宝石。

折射率测定是定量判别宝玉石种类的重要方法，不同的宝玉石折射率数值有所不同，相同宝玉石的折射率值是相对固定的。因此，根据测定宝玉石的折射率，可以快速鉴别宝玉石的种类。如翡翠的折射率为1.660，石英岩玉折射率为1.550左右，钠长石玉（"水沫子"）折射率为1.530左右。

图 6-21
偏光镜（飞博尔珠宝科技提供）

（二）偏光仪

由两个振动方向相互垂直的偏振片组成，主要用于检测宝玉石的均质性和非均质性。

仪器主要结构包括上下两片偏振片、支架、灯泡、玻璃片、载物台（图6-21，图6-22）。

检测样品要求透明，能有光线透过，整体均匀。

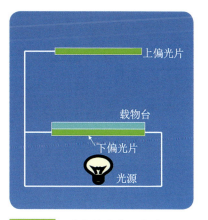
图 6-22　偏光镜结构示意图

1. 现象解释

正交偏光镜下通过载物台旋转宝石一周（360°）(图6-23)，有如下表现：

（1）多晶质宝石（玉石）：始终明亮，称为聚合消光（图6-23中A）；

（2）均质性宝石：始终全暗，不变化，称为全消光，包括等轴晶系宝石和非晶质宝石（图6-23中B）；

（3）非均质性宝石：有规则明暗变化，转动载物台一周，出现"四明四暗"，包括中级和低级晶族宝石（图6-23中C）；

（4）异常消光：出现不均匀的波状、斑状、格子状消光或扭曲黑十字消光，为均质性宝石因受应力变形作用，发生晶格错位，而产生异常双折射出现的异常消光，主要见于一些均质性宝石和玻璃之中。

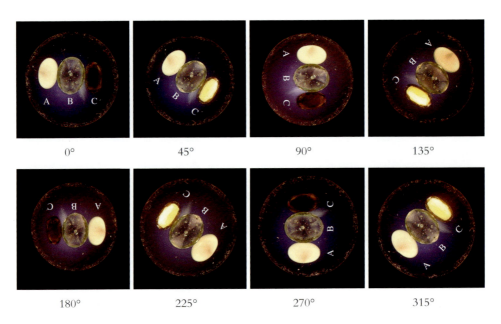

图6-23 多晶质（A）、均质（B）和非均质（C）宝玉石在正交偏光镜下的特征

2. 主要功能

1）区分单晶体宝石与多晶体玉石

（1）均质性宝石显示全消光特征，转动一周为全暗，不变化；

（2）非均质性宝石转动一周显示"四明四暗"消光特征，有规律的明暗变化；

（3）玉石为多晶集合体，出现聚合消光，转动一周为全亮，不变化；

（4）翡翠、玛瑙、石英岩玉等玉石都为全亮的聚合消光特征。

2）区分均质性宝石与非均质性宝石

（1）均质性宝石为全消光，转动宝石全暗，不变化。如玻璃、石榴石、尖晶石等显示全消光特征，或部分出现异常消光。

（2）非均质性宝石转动呈有规律的明暗变化，为"四明四暗"。如月光石、碧玺、祖母绿等宝石为非均质性，会出现非均质的"四明四暗"消光特征。

应用案例

区分白色冰种翡翠与水晶或月光石：白色冰种翡翠、水晶和月光石都比较透明，正交偏光镜下翡翠为聚合消光，显示全亮，且转动不变化；水晶和月光石为非均质性，正交偏光镜下为"四明四暗"，转动有规律明暗变化。

区分透明的绿色翡翠、绿色碧玺和绿色玻璃：绿色翡翠显示聚合消光，为全亮；绿色碧玺为非均质性的"四明四暗"消光，出现有规律明暗变化；玻璃为均质性，会出现"全消光"，表现为全暗，或"异常消光"，出现不规则明暗变化。

（三）分光镜

分光镜是利用观察宝玉石的吸收光谱特征来鉴别宝玉石的仪器。分光镜比较小巧，携带和观察都比较方便，是在珠宝市场上鉴别宝玉石的重要仪器，分光镜按光学器件的不同可分为棱镜式分光镜和光栅式分光镜（图6-24）。

图6-24

分光镜[棱镜式（上）和光栅式（下）]（飞博尔珠宝科技提供）

1. 原理

利用棱镜或光栅将白光分解为所组成的七彩单色光——光谱。可见光是由七色光波组成的，光谱范围为 700～400nm（图6-25），其中：

图 6-25　可见光光谱

红光：700～630nm　　橙光：630～590nm　　黄光：590～550nm

绿光：550～490nm　　蓝光：490～440nm　　紫光：440～400nm

物质对可见光线可产生两种光谱：吸收谱、发射谱（图6-26）。宝玉石中的组成元素对光线会有一定的吸收，从而在光谱中产生吸收谱线或吸收带。不同宝石的成分及结构的不同，使其对光谱中的吸收特征不同，可根据吸收谱来鉴别不同种类的宝玉石，也使吸收光谱成为鉴别宝玉石的指纹特征（图6-27）。

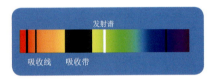

图 6-26　吸收谱和发射谱

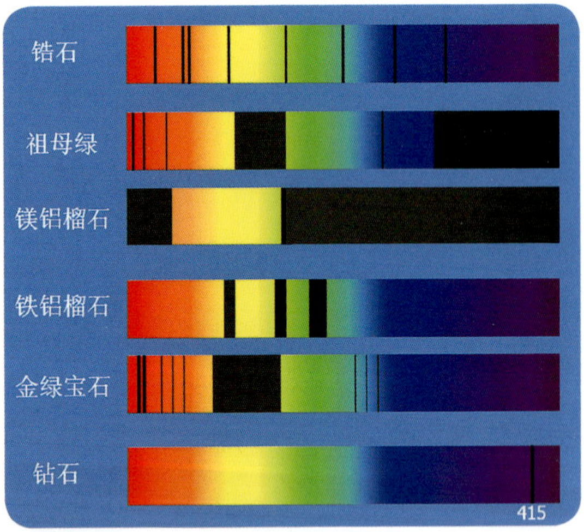

2. 功能

（1）观察宝玉石的吸收谱，从而鉴别不同的宝玉石种类；透明翡翠在蓝区和紫区的交界处可见一条437nm的吸收线，是翡翠的特征吸收谱；钠长石玉（水沫子）、石英岩玉等其他玉石种类在437nm范围不会出现吸收线（图6-28）。

图 6-27　不同宝石的吸收光谱特征

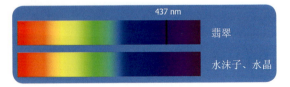

图 6-28　翡翠和水沫子、石英岩玉的分光光谱特征

（2）区分天然翡翠、染色翡翠与染色石英岩（图6-29）：天然翠绿色翡翠是Cr^{2+}致色，在红区会出现2~3条铬（Cr）的吸收线；染翠绿色翡翠（C货或B+C货）红区出现1条宽的吸收带，同时会具有437nm吸收线；

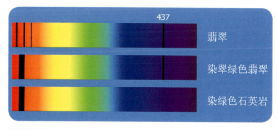

图6-29 翠绿色翡翠、染翠绿色翡翠和染绿色石英岩的吸收光谱特征

染翠绿色石英岩玉红区出现一条宽吸收带，无437nm吸收线；

（3）油青色翡翠是Fe^{2+}致色，在红区不会出现吸收线。

3. 观察方法

分光镜比较小巧，携带方便，利用一个辅助聚光电筒光源即可观察，便于在珠宝市场上灵活运用。

对翡翠的观察主要是以透射法观察，利用聚光电筒从翡翠背面照射，要求聚光灯要明亮，利用连续光谱灯光照明，分光镜贴紧待测样品的观察部位，观察透射过样品光的吸收光谱特征。

（四）紫外灯

紫外灯又称荧光灯，是用于观察宝玉石在紫外光照射下出现荧光效应特征的仪器（图6-30）。

1. 原理

利用一定波长的紫外光波照射于宝玉石上，使之发出不同程度的可见光，称为"紫外荧光"。紫外灯分长、短波两种光源：长波（LW）365nm，短波（SW）253.7nm。

图6-30 紫外荧光灯（飞博尔珠宝科技提供）

2. 荧光特征

不同宝玉石，由于内部成分和结构的不同，会导致具有不同的紫外荧光特征。相同的宝玉石，内部微量元素成分的不同，也会产生不同的紫外荧光特征。

（1）A货翡翠一般在紫外灯下不会显示荧光，B货和B+C货翡翠有有机胶的存在，将显示不同程度的荧光（图6-31）。

（2）在每件宝玉石表面可能会出现局部的蓝紫色亮光，是紫外灯的表面反光，并非荧光。

（3）B货或B+C货翡翠产生的紫外荧光都为整体发光，每件货品的荧光一致；但注胶和染色程度不同，紫外荧光强弱及颜色也会不同（图6-32）。

（4）染色较深的B+C货翡翠会抑制荧光出现（图6-33）。

3. 天然翡翠在紫外荧光灯的例外情况

正常情况下，天然翡翠是不会出现紫外荧光的，但有一些特殊情况会导致翡翠出现荧光，从而产生误判。

（1）翡翠浸蜡会导致局部出现紫外荧光。浸蜡是翡翠成品制作的最后一道工序，不论是天然的A货翡翠，还是B货和B+C货翡翠，往往都会经历浸蜡的过程（图6-34），主要是为了保持

图 6-31

A货翡翠（左）和B货翡翠（右）的紫外荧光特征

图 6-32

不同颜色B+C货紫外荧光强度及色调会有不同

图 6-33

B+C货翡翠戒面由于染色较深未出现紫外荧光（下左），B货翡翠小佛则出现明显紫外荧光（下右）

图 6-34 翡翠手镯的浸蜡过程

翡翠内部水分不会因挥发而产生干裂现象,并可以增加翡翠表面尤其是难以抛光部位的光亮度。但浸蜡也会在翡翠的裂隙中、质地疏松、质地差的部位导致蜡局部集中,在荧光灯下出现局部紫外荧光(图6-35~图6-37)。

(2)部分天然紫罗兰翡翠会出现紫外荧光。紫罗兰翡翠本身会出现强度不等的紫外荧光(图6-38)。天然翡翠中出现的荧光大部分是局部显示荧光,但在质地差,结构疏松的A货翡翠中也会例外的出现整体荧光(图6-39)。

(3)佩戴时间长的翡翠会出现荧光。佩戴时间比较长的翡翠,由于人体的油脂汗渍会向内渗透,也会导致产生一定的荧光。

可见,利用紫外荧光灯鉴别翡翠时,也会出现个别例外情况,不能一概而论,作为一个辅助鉴别特征,需要区别对待。但注胶处理翡翠的紫外荧光是整体发光,天然翡翠中出现的荧光大部分是局部显示荧光。

图 6-35

具有裂隙的翡翠(左)裂隙部位会出现局部紫外荧光(右)

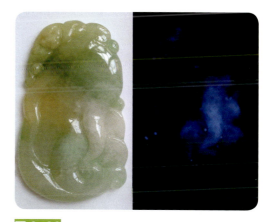

图 6-36

翡翠疏松有"棉絮"部位也会出现紫外荧光(右)

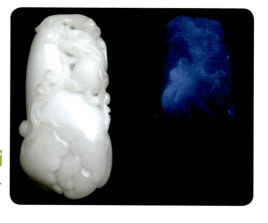

图 6-37

干白地翡翠(左)出现的局部紫外荧光(右)

图 6-38

紫罗兰翡翠（左）出现的整体紫外荧光（右）

图 6-39

质地粗糙的干白地翡翠观音（左）出现的整体紫外荧光（右）

（五）查尔斯滤色镜

查尔斯滤色镜由两片滤镜组成，只允许深红色光和黄绿色光通过（图 6-40）。主要用于快速检测绿色类和蓝色类的宝石和玉石。不同的宝玉石，由于所含主要成分和微量成分的不同，滤色镜下看到的颜色会有不同，从而用来辅助快速区分宝玉石种类。

最早发明的查尔斯滤色镜是用于鉴别哥伦比亚祖母绿的，哥伦比亚祖母绿由于是 Cr 致色，滤色镜下会显示红色，而其他绿色品

图 6-40

查尔斯滤色镜（飞博尔珠宝科技提供）

种宝石如碧玺、橄榄石以及绿色玻璃等都不会变色，这在市场上使滤色镜的使用显得非常方便实用。在 20 世纪 80 年代，许多商家利用铬盐染料染色石英岩（马来玉）来冒充高档翡翠，不少人上当受骗。后来发现，在滤色镜下染色翡翠会显示明显的红色特征，这使得在市场鉴别染绿色翡翠变得轻而易举。滤色镜也因此得到了广泛使用，成为染色翡翠的"照妖镜"，也一度被称为"翡翠滤色镜"；但在 20 世纪 90 年代以后，染色翡翠染料由铬盐染色转为由镍盐染色，氧化镍染的绿色在滤色镜下不会变色，仍然是绿色，使得滤色镜失去了鉴别功用，"在市场上还拿滤色镜出来鉴别翡翠"成为了一个笑话。21 世纪以来，冒充中低档次的油

青、蓝水翡翠的 B+C 货翡翠和 B+C 石英岩玉盛行于世，由于油青和蓝水翡翠价值低，人们不大注意是否被处理过，往往很容易上当受骗，然而，正是这类仿油青、蓝水和飘蓝花的 B+C 货翡翠和石英岩玉在滤色镜下观察会显示暗紫红色（图 6-41），让滤色镜又有了用武之地。

图 6-41　仿油青 B+C 货翡翠滤色镜下显紫红色

查尔斯滤色镜主要鉴别功能如下。

1. 区别天然翡翠（A 货）与染色翡翠（C 货或 B+C 货）及其仿制品

（1）天然翠绿色翡翠在滤色镜下颜色不变，仍然为绿色；

（2）铬盐（Cr_2O_3）染的翠绿色翡翠或石英岩玉（马来玉）在滤色镜下会变红色；

（3）镍盐（NiO）染的翠绿色翡翠或石英岩玉在滤色镜下不会变色，仍然为绿色；

（4）染色仿油青、蓝水和飘蓝花的 B+C 货翡翠和 B+C 货石英岩玉在滤色镜下显示紫红色（图 6-42），天然油青、蓝水和飘蓝花翡翠在滤色镜下颜色不变；

图 6-42　仿油青翡翠的 B+C 货石英岩玉在滤色镜下显紫红色

（5）天然水钙铝榴石（青海翠）、东陵玉（绿色石英岩玉）在滤色镜下显红色（图6-43）。

2. 区别天然蓝色宝石与合成蓝色宝石

天然蓝宝石、天然蓝色尖晶石在滤色镜下不变色，仍然为蓝色；人造Co致色的蓝色玻璃和人工合成尖晶石在滤色镜下为红色。

3. 区分不同产地祖母绿

哥伦比亚祖母绿为Cr致色，在滤色镜下为红色，云南祖母绿为V致色，在滤色镜下仍然为绿色。

可见，滤色镜并非无用，可以针对某些类型的处理翡翠和宝玉石进行快速鉴别，而且携带方便，便于观察，快速简便，在市场上运用也比较灵活。

但需要注意的是，配合滤色镜观察的照射光源一定要连续光谱的光源，如白炽灯光源，它为热光源，照明时灯头会发热，用时短，但不会出现色差（图6-44）。LED灯光源是单波段光源，属于冷光源，滤色镜下不会使宝玉石颜色发生变化，不能用作滤色镜的照明光源，只能作为观察翡翠玉石瑕疵特征的一般光源，这包括了LED聚光电筒（图6-45）和手机灯光，这需要注意。

图6-43

绿色石英岩玉（东陵玉）自然光下为绿色（上），在滤色镜下显示红色（下）

图6-44

连续光谱光源聚光电筒

图6-45

非连续光谱LED聚光电筒（飞博尔珠宝科技提供）

（六）放大镜、显微镜

放大镜和显微镜主要是对宝玉石的表面和内部特征进行放大观察，从而达到真伪鉴别和质量评价的目的（图6-46、图6-47）。

1. 宝石放大镜

常用的宝石放大镜是10倍，并非一般的放大镜，这种有特殊的要求。

（1）消除色差，影像边沿轮廓不会产生色散效应，不会变色；

（2）消除像差，影像在整个视域内不会变形；

（3）观察视域大，中间和边部都可以观察，且不会变形、变色；

（4）在10倍放大镜下，人眼最小可观察到的大小为5微米（μm）左右。

（5）放大镜与人眼最佳工作距离为25mm，需要靠近眼睛来观察。

宝石放大镜携带方便，观察灵活，是比较常用的随身携带宝玉石鉴定仪器。

图6-46

宝石放大镜（飞博尔珠宝科技提供）

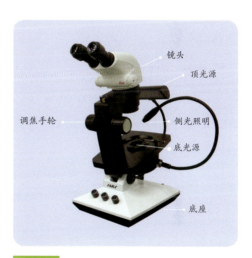

图6-47

宝石显微镜（飞博尔珠宝科技提供）

2. 宝石显微镜

宝石显微镜具有顶光源和底光源两种照明形式：顶光源在观察宝玉石的侧上方照明，主要观察宝玉石表面特征；底光源从宝玉石底部照明，观察宝玉石透射光下的影像，主要观察宝玉石内部包裹体、内部瑕疵和结构构造等特征。

底光源可以有以下两种照明方式。

（1）底部侧光源：底部光线不是直射宝玉石，而是通过照射到侧面再反射到宝玉石上，观察的视域中背景为暗，光线柔和，不会刺眼，观察起来比较舒适清晰，是观察底光照明的常用方法。

（2）底部直射光源：光源直接从底部照射宝玉石，观察的视域中背景为明亮，称为"亮域照明"，主要用于对透明度较低的宝玉石内部特征的观察。

宝石显微镜可以放大60倍，能清晰观察宝玉石内部包裹体和瑕疵特征，是鉴别宝玉石真假和质量好坏的重要方法。

3. 主要作用

（1）表面特征观察：A货翡翠粗糙表面的"苍蝇翅"、抛光平面的"橘皮纹"，B货或B+C货翡翠表面的"酸蚀纹"，C货翡翠表面的点状、丝网状染色颜料特征，成品表面切割、抛光、雕刻质量观察等。

（2）内部结构特征、瑕疵"棉絮"观察：A货翡翠绿色颜色有色根，分布不均匀，有形；C货和B+C货染色翡翠颜色沿内部空隙呈丝网状分布，发散；A货翡翠结构紧密，絮状物交织结构细腻；B货或B+C货翡翠结构松散，絮状物粗大；玻璃仿玉石可能存在有气泡、漩涡纹、表面划痕等特征。

（七）电子天平宝玉石相对密度测定

1. 测量原理

宝玉石的密度值是相对固定的，是定量确定宝玉石种类的重要参数。不同的宝玉石密度有所不同，因此可以利用测量相对密度，来确定宝玉石的种类。

原理是利用宝玉石密度近似等于宝玉石在空气中质量与宝玉石在水中排开同体积水的质量之比，从而计算出相对密度值。

相对密度的近似值计算公式如下：

$$SG = \frac{W_{空}}{W_{空} - W_{水}}$$

只要分别测出宝玉石在空气和水中的质量，即可计算出宝玉石的相对密度。

2. 操作步骤

利用电子天平分别测量出待测样品在空气中的质量（$W_{空}$），以及在水中排开同体积水的质量（$W_{水}$），再利用公式计算得出相对密度值（图6-48）。具体操作步骤如下。

(1) 开启电子天平电源,使称重归零;

(2) 称取待测样品在空气中重量 $W_空$（图 6-49）;

图 6-48

电子天平净水法称重密度测量

图 6-49

称取样品空气中质量

(3) 在秤盘上放置悬挂样品的金属挂钩（图 6-50）;

(4) 横跨秤盘放置支架桥,并在支架桥上放置一盛满水的水杯,将金属挂钩悬置于水杯中,避免与水杯壁接触,获得金属挂钩浸泡于水中后的质量（图 6-51）,归零,除去金属挂钩质量（图 6-52）;

(5) 把待测样品放置于金属丝挂钩上,并悬挂浸泡于水杯中,称取待测样品在水中质量 $W_水$（图 6-53）;

(6) 利用相对密度公式计算待测样品的相对密度值。

从图（图 6-49～图 6-53）可知,待测样品在空气中的质量是 2.094 4g,在水中的质量是 1.466 3g,根据公式计算得出样品的相对密度为 3.33,为翡翠的相对密度,说明待测样品为翡翠。

图 6-50

放置金属挂钩

图 6-51

放置架桥和水杯,称取金属挂钩浸泡于水中的质量

图 6-52

将金属挂钩质量归零

图 6-53

挂钩上放入样品,浸泡于水中,称取水中样品质量

第七讲
翡翠玉石文化

玉石文化是中华文化的一个重要组成部分。人们常把一些民间传说、文化习俗、宗教信仰和生活理念等形象化地融入玉石中，赋之以特殊的文化内涵。一件挂件（图7-1），背面雕刻了一片黄色树叶，正面有蝙蝠、桃子、铜钱和知了，蝙蝠为福，桃为寿，钱为禄，知了代表了长长久久（蝉，叫声长久），而黄色的树叶象征秋天的树叶，即将从树上落下，像天上降下来一样，表示"喜从天降"，整个挂件寓意为"福禄寿全、长长久久、喜从天降"，这就是翡翠玉石文化的充分体现。

玉石的文化性使玉石并不仅仅以物质形式孤立存在，同时也成为人们思想情感的一种表达形式和精神的寄托。即不仅具有物质性，同时还具有精神性。

玉石的文化性也使人们无法用常规的市场价格尺度去衡量玉石的价值。其价值尺度主要取决于人们对玉石质量和文化内涵的理解程度、思想理念和精神寄托的轻重。一枚钻戒是对某个日子或活动的纪念，如订婚、结婚、金婚、银婚等，有着明确、直接的意义（图7-2）；但佩戴一个玉佛，就不只是一个物件，而是一个活灵活现的佛了！是一种精神寄托（图7-3）。这也是"玉无价"的精髓所在，也是玉石文化与宝石文化的根本区别之处。

图 7-2　钻石戒指

图 7-1　翡翠挂件

图 7-3　笑佛（传福珠宝提供）

一、玉文化的起源与古代玉的内涵

我国使用玉器的历史，起源可追溯到 10 000 年前的原始社会的新石器时代，称为万年玉器史。古代先民使用石器时发现玉石比一般的石头更加坚硬柔韧，不易碎裂，将其称之为最美丽的石头，"石之美者"，非同一般，并给玉石赋予了特殊的文化内涵。

玉器最早的涵义主要包括以下几个方面。

1. 生产工具

在石器时代，玉器比一般石器更加坚韧耐用，成为了生产工具的首选，并一直得以沿用，包括玉凿、玉斧、玉箭和玉碗等（图 7-4、图 7-5）。

图 7-4　玉钺（成都金沙遗址）

图 7-5　石斧

2. 祭品及礼品

原始先民认为玉器具有通神的功能，是沟通神界与凡间的媒介，神灵崇拜之物。因此，与神的沟通，都要通过玉石作为载体。在商周时期祭祀自然神就是"以玉作六器，以礼天地四方"（图 7-6～图 7-8）。

以苍璧礼天：用青色玉璧来祭天——天神；

以黄琮礼地：用黄色玉琮来祭地——地祇；

以青圭礼东方：用青色玉圭来祭东方之神——青龙；

以赤璋礼南方：用红色玉璋来祭南方之神——朱雀；

以白琥礼西方：用白色玉琥来祭西方之神——白虎；

以玄璜礼北方：用黑色玉璜来祭北方之神——玄武。

玉器作为名贵之物，属于"尚品"，是高尚之物。中国作为一个礼仪大国，礼品已经成为社会交往的重要载体，"礼尚往来"说明对于互赠的礼品来说，一定要是最为珍贵的"尚品"作为礼物，才能体现对宾客的敬重，而玉器也成为了礼品的最佳首选。

图 7-6　古玉璧

图 7-7　玉琮

图 7-8　青圭

3. 装饰品

玉器是美的化身，也是价值与地位的象征，常作为发饰、头饰、颈饰和腰饰等装饰物进行装扮（图7-9～图7-13）。

图 7-9　玉玦

图 7-10　项饰

图 7-11　玉髻饰

图 7-12　玉手镯

图 7-13　衣带钩

4. 权力与等级象征

印章是权力与等级的象征，"大权在握"就是握住手中的印章（图7-14）。过去用玉雕刻的皇帝所专用印章才能称为"玉玺"，其他诸侯、相国以下分别用金印、银印、铜印，称为"图章"或"印章"，有严格的等级之分。

5. 殓葬品

先民认为玉器属通神之物，具有保护尸骨不朽的神力。玉器便成为了主要的随葬品，如金缕玉衣（图7-15）、玉蝉。玉雕的蝉，称为"金蝉"或"玉琀"（图7-16），在下葬时会将一个玉蝉放入逝者口中，希望逝者就像蝉一样，寒冷冬季钻入泥土之中，等到来年春天后再爬出来，蜕一层皮，又重新获得新生，有"金蝉脱壳、死而复生"之说（图7-17）。表达了希望逝者能够"来生转世，再投胎人生"之意。

图 7-14　乾隆鸡血石玉玺

图 7-15　金缕玉衣

图 7-17　重生——金蝉脱壳

图 7-16　金蝉

6. 神物崇拜

玉作为神仙所赐神物，与神仙有着紧密的联系。称天帝为"玉皇""玉皇大帝"；称仙童为"玉童""玉女"；神仙所住地方都为玉石所做，称为"玉堂""玉房""玉室"；神仙所在地为仙境，称为"玉山""玉阁瑶台"或"琼楼玉宇"等（图7-18），都与玉密不可分。

图7-18 反映仙境琼楼玉宇的山子摆件

7. 美德的象征

古代将人比玉，以玉比德（图7-19）。孔子曰："夫昔者君子比德于玉焉。"将玉比作十一德：温润而泽，仁也；缜密从栗，知也；廉而不刿，义也；垂之如坠，礼也；其终诎然，乐也；瑕不掩瑜、瑜不掩瑕，忠也；孚尹旁达，信也；气如白虹，天也；精神贯于山川，地也；圭璋特达，德也；天下莫不贵者，道也。

《说文解字》中也将玉分为五德：仁、智、义、勇、洁。

玉石颜色，温润光泽，仁德也；

据纹理自外可以知其中，此乃表里如一

图7-19 君子比德于玉

心怀坦荡之义也；

玉石之音，舒展清扬，此乃富有智慧，兼远谋之智德也；

玉石坚硬，宁折不弯，勇德也；

廉洁正直，洁德也。

玉是美德的象征，君子比德于玉。因此，"君子无故，玉不去身"，也才有"宁为玉碎，不为瓦全"的说法，即宁为追求崇高的精神境界去粉身碎骨，也不会去贪图一时的享乐而委曲求全。

玉也是美的化身（图7-20），对女子的赞美都是以玉比拟的：冰清玉洁、玉骨冰肌、洁白如玉、守身如玉、花容玉貌、纤纤玉手、婷婷玉立和香消玉殒等（图7-21）。

图 7-20　玉女

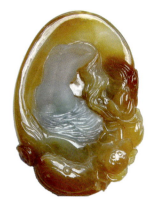

图 7-21　玉如肌肤

8. 药物

古有食玉可以健康长寿、长生不老的说法。因此有"琼浆玉液""神仙玉浆""玉膏""玉脂"和"玉屑"等说法。

玉是无机矿物质，直接食用对人体不会有什么好处，但玉对人的确是有"药效"的，这也是玉石价值的关键所在，主要表现在以下方面。

（1）直观"疗效"：玉石为多晶矿物集合体，组成的各种结晶矿物质一般都有一定的热传导性，对于身体内热过重的人来说，佩戴玉佩挂件可以起到局部散热的作用，从而达到缓解胸闷和释放心情的效果；手镯、手串在佩戴过程中，会对手腕穴位形成不断按压，也起到一定的穴位按摩作用，可以舒筋活血；手把件很讲究"盘玉"，要用手不断地搓摸把玩，在把玩的过程中，一来可以活动手指关节，同时手把件凸凹部位也可以对手指和手掌穴位不断按摩，对健身有一定的好处，因此，使用手把件，不仅赏心悦目，同时也可以强身健体，尤其是对老人家特别适用。

2）间接"疗效"：佩戴玉石的"疗效"主要还是心理作用，作为重要的精神寄托物，给人以精神慰藉。中国人爱玉已经是一个优良的传统和美德，将玉神话，把玉作为最珍贵的宝物，注入了无限的精神寄托与期望。当人们佩戴使用玉石后，身体上的油脂和汗液或多或少都会渗透到玉石之中，掩盖了玉石近表层的"棉絮"和裂隙等瑕疵，使"棉絮"减少、透明度增加，质地也变得细腻起来，原来深藏在内部的颜色也随着透明度的增加而逐渐显露出来，让人们感觉到佩戴的玉石越来越透明了、颜色也越来越多了。看到自己的宝贝玉石质量越来越好，心情好了，身体也就好了！佩戴者心里也会认为玉石具有一种灵气，像神灵一般护佑着自己，加上玉石本身佩戴的装饰作用，备受他人的关注与赞赏，自己也会更加珍爱，精神也会越来越好！同时有玉石的陪伴，也就有感情的依恋与托付，久而久之也就成为忠实的"伴侣"了。所谓"人养玉三年，玉养人一生"。

翡翠玉石都有比较直观的文化体现，一件翡翠玉石，就是一个文化的表现，当人们观赏和佩戴时，就是对其文化内涵的认同，也就有了价值的认同感和精神层面的归宿感，使得翡翠玉石成为了修身养性的最佳物品。

二、玉石文化的表现形式

玉石文化的表现是中华民间传统文化的立体表现形式之一，也是中华民族文化、宗教文化和民间传统文化的传承与发展。玉石文化的具体表现手法主要如下：

（1）谐音法：以同音或相近的音借喻某一吉祥事物，如花生、如意与龙组合为"生意兴隆"（图7-22）、雄鹰和狗熊都为黑色的，两者在一起比喻为"英雄本色"（图7-23）等。

（2）借喻法：借助可视的有寓意或象征性的事物来比喻吉祥，如鸳鸯表示

图7-22　生意兴隆

图7-23　英雄本色

夫妻恩爱，松鹤表示长寿，梅、兰、竹、菊为"四君子"（图7-24）表示友情等。

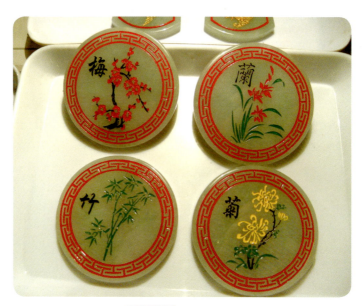

图7-24　梅兰竹菊

（3）变形法：将适当的汉字直接变化成图案，再陪衬其他借喻的动、植物图案，如"福字图"（图7-25）、"寿字图"和"万字图"等。

（4）综合概括法：利用综合性方法，把一些现实事物归纳于一体，形成一种现实生活中并不存在、而在人们精神境界中已经默认的事或物，如龙与凤（图7-26）。

玉石文化的具体表现类型包括：图腾崇拜类、吉祥如意类、长寿多福类、家和兴旺类、安宁平和类、事业腾达类、清廉友情类、避邪消灾类等。

图7-25　福字玉佩

图7-26　龙凤

（一）图腾崇拜类

图腾是人们对某种事或物的原始崇拜。古代先人们对一些自然现象或事物无法进行科学解释，就归结到某个事或物之上，以寻求精神寄托。不同的民族都有着不同的崇拜对象，如中国人崇拜龙，东南亚人崇拜大象，印第安人崇拜羽毛等。

1. 龙

龙，是中华民族的图腾图案（图7-27），有"龙的传人""龙子龙孙"之说。对龙的图腾崇拜与我国是一个农业大国有着密切联系。龙与水有关，农业是靠天吃饭，水决定了农业的命脉，不论是旱灾还是水灾都与水息息相关。因此，民间就塑造一个"管水"的神物——龙王，以寻求一种精神寄托，期望龙能给人们带来幸福与安康。

图 7-27　墨翠龙牌

由于我国大陆上的两条主要水系——长江和黄河都是往东流并归入大海的，所以，先人们也把"龙宫"安置到了东海，每年开春人们耍龙灯，目的是从东海龙宫中请出龙王，把流入东海的水再洒回大地，祈求来年风调雨顺、五谷丰登、国泰民安。

龙在日常生活中是不可能见到的，但在中国的图腾图案中，龙不仅仅是龙王的象征，更重要的是中华民族的形象的缩影，是中华民族文化的大集合。龙的每一个部位和每个形态，都来自于生活，都是现实生活中一个个动物的体现，更是中华民族文化的集中体现。

2. 龙凤呈祥

相传龙是以鳞兽类动物为图腾的部落，凤则是以鸟类动物为图腾的部落。两部落经常发生冲突和战乱，两败俱伤，民不聊生；后来龙胜，合并了凤，从此消除战争，天下太平，五谷丰登。人们把龙凤视为祥瑞的象征，龙为男、凤为女，成为表示夫妻喜庆之日的信物（图7-28、图7-29）。

图 7-28　龙凤呈祥

图 7-29　龙凤呈祥

3. 双龙戏珠

两条龙戏耍（或抢夺）一颗火珠的表现形式起源于天文学中的星球运行图，火珠是由月球演化来的。在中国古代神话中，龙珠是龙的精华，是修炼的原神所在，也被认为是一种宝珠，可避水火，以求避邪消灾、吉祥安泰。所以人们通过两条龙对玉珠的争夺，象征着人们对美好生活的追求与向往（图 7-30～图 7-32）。

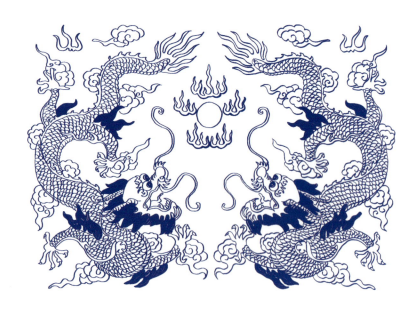

图 7-30　双龙戏珠

图 7-31　双龙戏珠

图 7-32　黄加绿双龙戏珠

4. 十二生肖

十二生肖，又称属相，它的起源与崇拜动物有关，是十二地支的形象化代表，即子（鼠）、丑（牛）、寅（虎）、卯（兔）、辰（龙）、巳（蛇）、午（马）、未（羊）、申（猴）、酉（鸡）、戌（狗）、亥（猪），随着历史的发展逐渐融合到相生相克的民间信仰观念，主要表现在婚姻、人生、年运等，每一种生肖都有丰富的传说，并以此形成一种观念阐释系统，成为民间文化中的形象哲学，如婚配上的属相、庙会祈祷、本命年、节日吉祥物等，人们随身佩戴的挂件生肖属相也是人们保佑平安、希望能够辟邪消灾的体现（图 7-33、图 7-34）。

图 7-33　虎

图 7-34　马

（二）吉祥如意类

反映人们对幸福生活的追求与祝愿。在玉佩图案中主要用龙、凤、祥云、灵芝、如意等。

1. 喜上眉梢

图案：一对喜鹊飞到梅花枝头上（图7-35、图7-36）。喜鹊被认为是一种报喜的吉祥鸟。喜鹊立在梅梢，表示喜鹊报喜，一对喜鹊为"双喜"。"梅"与"眉"同音，人们高兴了就会眉头往上扬起，即"扬眉吐气"，寓指好事当头，喜形于色。

图7-35 喜上眉梢

图7-36 喜上眉梢

2. 喜在眼前

图案：一对喜鹊与古钱（图7-37）。喜鹊取一"喜"字，钱与"前"同音，"喜在眼前"，表示喜事就在当前。

图7-37 喜在眼前

3. 喜从天降

图案：蜘蛛从蜘蛛网上垂落而下（图 7-38）。蜘蛛即"喜珠"。陆玑《诗疏》记载："（喜子）一名长脚，荆州河内人谓之喜母，此虫来著人衣，当有亲客至，有喜也"。蜘蛛从蜘蛛网上落下，犹如从天上降落一般。人们把喜蛛喻吉祥之兆，看到喜蛛落下，象征"喜从天降"。

5. 欢天喜地

图案：地上獾抬头看天，天空中飞来一只喜鹊（图 7-39）。獾，又称猪獾。"獾"与"欢"同音。用獾和喜鹊组成"欢天喜地"，形容有非常高兴的事情发生，十分欢喜。

6. 同喜

图案：梧桐树叶和喜鹊（图 7-40）。梧桐，取"桐"与"同"同音。梧桐和喜鹊图案构成"同喜"。为喜事临门，众人同庆，同喜同贺，互相贺喜之意。

图 7-38　喜从天降

图 7-39　欢天喜地

图 7-40　同喜

7. 年年大吉

图案：以鲇鱼、橘子或雄鸡构成（图7-41）。"鲇"与"年"同音，两条鲇鱼喻"年年"；橘为柑橘，"橘"和"鸡"都与"吉"谐音，比喻吉利。"年年大吉"，表示年年都是吉利充盈，大吉大利。

8. 纳福迎祥

图案：童子手拿蝙蝠放入缸中（图7-42）。"拿"与"纳"谐音，表示收入、接受之意。"拿蝠"表示纳福、享福、受福，是旧时见面或通信常用的问好语。"纳福迎祥"为吉利之词，表示洪福吉祥相继而来。

图7-41 年年大吉

9. 凤麟呈祥

图案：凤凰和麒麟（图7-43）。凤是百鸟之长，象征吉祥。人们认为凤凰是一种五彩而又善于歌舞的神鸟。麒麟被人称为神兽和瑞兽，象征祥瑞太平，五谷丰登。

图7-42 纳福迎祥

图7-43 凤麟呈祥

10. 嫦娥奔月

图案：嫦娥踏着彩云飘向月宫（图7-44、图7-45）。嫦娥，神话中后羿之妻。后羿射日有功，从西王母处得到长生不老之药的奖赏，被嫦娥偷吃后成仙，遂奔月宫。"嫦娥奔月"比喻对美好的追求与向往。相同的如"彩云追月"。

11. 百事如意

图案：百合花或柏树，柿子或狮子，灵芝或如意（图7-46）。百合花或柏树喻为"百"。柿子、狮子为"事"。灵芝、如意表示称"如意"。"百事如意"与"万事如意""事事如意"一样，指一切顺利，如愿以偿。

图7-44 嫦娥奔月

图7-45 嫦娥奔月

图7-46 百事如意

12. 万年如意

图案：万年青和灵芝。万年青，表示万年之意（图7-47）。灵芝，野生灵芝非常难得，被视作吉祥与长寿的珍贵之品，也代表了如意（图7-48）。两者合在一起寓意"万年如意"。

图7-47 万年如意

图7-48 如意灵芝（万事如意）

13. 三阳开泰

图案：三只羊在温暖的阳光下吃草（图 7-49）。羊同"阳"，三羊代表"三阳"。"三阳"沿自于易经，"一阳"为十月，"二阳"为十一月，"三阳"为十二月，即腊月，三阳过后便是开春，意示着黑昼将越来越短，白昼逐渐越来越长，"开泰"即开启的意思。"三阳开泰"预示着袪尽邪恶，吉祥好运接踵而来，即将要交好运之意。雕件中两只羊分别衔有一只如意，意为"洋洋得意"。（图 7-50）

图 7-49　三阳开泰

图 7-50　三阳开泰，洋洋得意

14. 二狮滚绣球

图案：两头狮子与绣球（图 7-51）。狮，经民间艺人加工提炼成为英武、活泼、正气、喜庆的化身。绣球为吉祥喜庆之品。"二狮滚绣球"寓意袪灾祈福。

图 7-51　狮子滚绣球

15. 室上大吉

图案：雄鸡立于石上（图 7-52、图 7-53）。石与"室"、鸡与"吉"谐音，大鸡意"大吉"。石头上站立大鸡，即为"室上大吉"，寓意合府安康，生活富裕，大吉大利。

图 7-52　室上大吉

图 7-53　室上大吉

16. 百事大吉

图案：百合花、柿子和橘子。百合，这里取一"百"字；柿为柿子，与"事"同音；"橘"意为"大吉"。寓大吉大利，事事如意。

17. 富贵长春

图案：牡丹和月季（图 7-54）。牡丹为花中之王，是富贵花；月季一年四季都在开放。牡丹与月季组成图案象征春光常在，大富大贵。

图 7-54　富贵长春

18. 天女散花

图案：天女手持花篮，在云中飞舞散花（图 7-55、图 7-56）。天女即为仙女，故天女散花又称"仙女散花"，仙女将花撒向哪里，哪里就春满人间，吉庆常在。

图 7-55　天女散花

图 7-56　天女散花

19. 吉祥如意

图案：一童子手持如意骑在大象上（图 7-57、图 7-58）。骑象与"吉祥"谐音。童子骑象，手持如意，表示"吉祥如意"，为喜庆吉利之词。

图 7-57　吉祥如意

图 7-58　吉祥如意

20. 必定如意

图案：毛笔、银锭与灵芝、如意。"笔"谐"必"音，银锭的"锭"音"定"，加上灵芝如意，合为"必定如意"之谐音，表达了事事称心、万事如意的愿望。

21. 紫气东来

秦岭是我国南北方的分界线，函谷关是秦岭的一道有名关口。相传有一日关令尹喜登高望远，见有一团紫气从东边缓缓而来，预感将有圣人过关，果然是老子到了关上。尹喜十分敬佩老子，便好生款待，但知道老子要出关去西游，又觉可惜，便设法留住老子。于是，尹喜就对老子说："先生想出关也可以，但是得留下一点笔墨。"老子听后，就在函谷关住了几天，最后交给尹喜一篇 5000 字左右的著作，然后就骑着大青牛走了。这篇著作就是后来传世的《道德经》，是中国历史上最伟大的作品之一，也是道家哲学思想的重要来源，对传统哲学、科学、政治、宗教等产生了深刻影响。紫气东来比喻吉祥、祥瑞的征兆（图 7-59）。相关题材还有"老子出关"（图 7-60）。

图 7-59　紫气东来

图 7-60　老子出关

22. 广纳百财

图案：摆放的白菜。相传古时一家商人做生意，晚上打烊后，就将白天收到的一吊吊铜钱拿到案板上来清点，看到铜钱铺满了案板，很是兴奋，也希望往后也能如此生意兴隆！第二天，遂将一颗白菜摆放到柜台上，往来客人都会拿起来看看。白菜象征"百财"，"拿白菜"就是"纳百财"，希望能够生意红红火火，财源广进、广纳百财（图7-61）。

图 7-61　白菜：广纳百财

23. 五鼠运财

图案：五只老鼠、铜钱或钱袋。鼠为十二生肖之首，传说五鼠原本为五位漂亮的仙女，下凡后变成五只鼠在嬉戏玩耍，有的拱元宝，有的抬钱币，抬着金银财宝回了家（图7-62）。鼠与"储"谐音，鼠和钱，就是"储钱"。寓意财运福运到，财源滚滚来。

图 7-62　五鼠运财

（三）长寿多福类

在玉佩图案中主要用寿星、寿桃及代表长寿的龟、松、鹤等来表示。表达人们对健康长寿的期望与祝愿。

1. 麻姑献寿

图案：麻姑持桃。麻姑，古代神话中的仙女，是亲见"东海三次变为桑田"的长生不老之仙人。相传每年的三月三日为西王母寿辰，麻姑在绛珠河畔以灵芝酿酒和仙桃为王母祝寿（图7-63）。故祝女寿者，多绘麻姑像赠送，称"麻姑献寿"。

图 7-63　麻姑献寿

2. 瑶池进酿

图案：仙女麻姑乘浮槎渡海为王母祝寿（图7-64）。瑶池，传说中为昆仑山上西王母所居的地方。"酿"在此指酒，"进酿"意为献酒。也是叙述仙女麻姑三月三日赴蟠桃盛会，为西王母献酒祝寿的故事，以喻对长者祝贺之情。

图7-64 瑶池进酿

3. 三星高照

图案：往往由蝙蝠、老人和鹿组成（图7-65）。三星是传说中的福星、寿星和禄星，专管人间祸福、寿命、官禄（图7-66），也象征幸福、长寿和富贵。

图7-65 三星高照

图7-66 福禄寿

4. 东方朔偷桃

图案：东方朔、桃。又称"东方朔捧桃"（图7-67）。东方朔为西汉时期文学家，他以性格诙谐、滑稽多智、言词敏捷、口才伶俐著称。典故源于传说：汉武帝寿辰之日，宫殿前一只黑鸟从天而降，武帝不知其名。东方朔回答说："此为西王母的坐骑'青鸾'，王母即将前来为帝祝寿。"果然，顷刻间西王母携七枚仙桃飘然而至。西王母除自留两枚仙桃外，余五枚献与武帝。

5. 天仙寿芝

图案：天竹、水仙、灵芝及寿石（图7-68）。天竹，借"天"字；水仙，借"仙"字。寿石，即为太湖石，经过亿万年的地质作用和百万年的风吹雨打剥蚀，形成了目前千疮百孔的形态，表明历时非常长久，在江浙一带庭院中放置的假山，也有大家庭祝寿之意。用天竹、水仙、寿石和灵芝组成图案为"天仙寿芝"，也即"天仙祝寿"，是代表各路神仙前来祝寿，又名"群仙祝寿"。

6. 八仙仰寿

图案：八仙、寿星与仙鹤（图7-69）。寿星，又称南极老人星或南极仙翁，古代神话中的长寿之神。传统形象为长头大耳，短身躯，白髯，慈眉善目，手捧仙桃，拄仙杖，或骑仙鹤，乘空飞翔。寿星坐厅堂中或骑仙鹤立于云端，八仙作祝寿状，叫"八仙庆寿"或"八仙仰寿"。

图 7-67　东方朔偷桃

图 7-68　天仙寿芝

图 7-69　八仙仰寿

7. 鹤鹿同春

图案：梧桐树、鹤和鹿（图 7-70）。梧桐树，桐与"同"音。"同春"，像春天一样美好。"鹤""鹿"都是瑞兽，隐喻"寿"和"禄"。"鹤鹿同春"为祝颂长寿不老之词。

8. 松鹤长春

图案：松与鹤（图 7-71、图 7-72）。松树气节清高，经久不衰，比喻长寿；鹤，长寿之鸟。"松鹤长春"同"松鹤遐龄""松鹤延年"一样，都是祝寿之词。

图 7-70　鹤鹿同春

图 7-71　松鹤延年

图 7-72　松鹤延年

9. 龟鹤齐龄

图案：龟与鹤、吉云（图 7-73、图 7-74）。相传龟、鹤皆为千年寿，寓意高寿。仙鹤单脚站立于龟背之上，也有"独占鳌头"之意。

图 7-73　龟鹤齐龄

图 7-74　龟鹤齐龄（独占鳌头）

10. 富贵耄耋

图案：牡丹花、猫和蝴蝶（图7-75）。耄耋，为活到八十岁以上的长寿老人。"耄耋"与"猫""蝶"谐音。"富贵耄耋"寓意富贵、健康、长寿。

11. 正午牡丹

图案：牡丹与猫（图7-76）。牡丹，向来比作花中之王，有富贵之态。猫与"耄"谐音。牡丹和猫隐寓"福寿双全"，又称"国色天香"，是"富贵耄耋"的延伸。

图7-75　富贵耄耋

12. 代代寿仙

图案：绶带鸟、代代花、寿石或桃与水仙花（图7-77）。绶带鸟即练鹊。"绶"与"寿"同音。代代花，常绿盆景灌木，四季常青，果实可保存三年，故又名"代代"。寿石、桃皆喻长寿，加水仙喻仙寿，比长寿更甚。"代代寿仙"，形容世代家族都能长寿。

13. 福禄寿

图案：葫芦和上面的一只松鼠或其他动物（图7-78）。"葫芦"意为"福"和"禄"；松鼠或其他动物为兽，意指"寿"；葫芦是饱满的两个圆，意为"圆满"。全意即为福禄寿全、圆圆满满。

图7-76　正午牡丹

图7-77　代代寿仙

图7-78　福禄寿

14. 福寿双全

图案：一只蝙蝠、两个寿桃、两枚古钱（图7-79）。蝙蝠头朝下，衔住两枚古钱，伴着祥云飞来。图案以谐音和象征的手法表示幸福、长寿都将来临，也是福从天降。

15. 双福

图案：两只蝙蝠（图7-80）。福，指洪福、福气、福运。寓意福运和幸福。

图7-79　福寿双全

图7-80　双福

16. 福在眼前

图案：一个古钱的前面有一只或两只蝙蝠（图7-81）。古钱币一般中间都有孔，即钱眼，便于串起来。有"眼"的铜钱周边有一只或两只蝙蝠，"眼钱"即为"眼前"，表示福运即将到来。

17. 五福捧寿

图案：五只蝙蝠围住中间一个寿字或一个寿桃（图7-82）。五福之意：一为寿，长命百岁；二为福，荣华富贵；三为康宁，吉祥平安；四为修好德，积善行

图7-81　福在眼前

图7-82　五福捧寿

德；五为考终命，人老善终。

五福是人们对"福"字的最全面理解，一旦拥有了"五福"，自然是"福如东海，寿比南山"了！相似的还有"五福俱全""五福临门"等（图 7-83、图 7-84）。

18. 翘盼福音

图案：童子仰望飞来的蝙蝠（图 7-85）。翘盼，急切盼望，"翘盼福音"又叫"福从天降"。表示盼望获得好消息。

19. 福寿如意

图案：葫芦、蝙蝠、麒麟、灵芝、佛手瓜（图 7-86、图 7-87）。葫芦谐音"福禄"，蝙蝠的"蝠"与"福"同音，麒麟为"兽"，意"寿"，灵芝为"如意"。寓意"福寿如意"。

图 7-83　五福俱全

图 7-84　五福临门

图 7-86　福寿如意

图 7-85　翘盼福音

图 7-87　福寿如意

20. 人生如意

图案：人参、灵芝。人参延年益寿，也雕刻成长寿老人，似人似参，取"人生"的谐音；灵芝也是长寿之物，也是如意。体现了长寿如意（图7-88）。

（四）家和兴旺类

表示希望夫妻和睦、家庭兴旺。玉佩图案中主要用鸳鸯、并蒂莲、白头鸟、鱼、荷叶等表示。作为结婚喜庆的礼品相赠，表示夫妻恩爱、家和万事兴。

图7-88　人生如意

1. 齐眉祝寿

图案：梅花、竹子和绶带鸟（图7-89）。齐眉，《后汉书·梁鸿传》记载："（鸿）为人赁舂，每归，妻为具食，不敢于鸿前仰视，举案齐眉"。"案"，有脚的托盘。举案齐眉表示将托盘举起，与眉头平齐，呈献上去，表示对对方的尊重。"梅"与"眉"同音。"齐眉祝寿"比喻夫妻互敬互爱，健康长寿。

图7-89　齐眉祝寿

2. 和合二圣

图案：寒山和拾得，他们两位都是唐代天台山的高僧，后来演变为传说中的神仙。他们手中一人执荷花荷叶，一人捧圆盒，盒盖稍微掀起，内有五只蝙蝠从盒内飞出（图7-90）。清雍正十一年（公元1733年），封寒山大士为"和圣"，拾得大士为"合圣"。"荷"与"和"同音，"盒"与"合"同音，取和谐好合之意，多比喻夫妻和谐，鱼水相得，福禄无穷，所谓"家和万事兴"。

图7-90　和合二圣

3. 五福和合

图案：一个盒子里飞出五只蝙蝠（图7-91）。五福：寿、富、康宁、攸好德、考终命。"盒"与"合"、"和"同音，喻"和合"。旧时民间嫁娶，取"和谐好合"之意，以图婚姻美满，是"和合二圣"的延伸。

4. 和合如意

图案：盒、荷、灵芝（图7-92）。盒、荷喻"合和二圣"，灵芝喻如意。指人事和睦，事业兴旺，繁荣昌盛。盒、荷与"合和"同音，多比喻夫妻和睦，鱼水相得。"和合如意"寓意夫妻和睦则福禄无穷。

图 7-91　五福和合

图 7-92　和合如意

5. 和合万年

图案：百合、万年青或葫芦（图7-93）。和合，这里指"和睦""和气"；万年青喻"万年"；葫芦，取棉延不断；百合喻"百事和合"，指百事都协调顺利。"和合万年"意指世世代代人事和睦，则自然事业兴旺，繁荣昌盛。

图 7-93　和合万年

6. 并蒂同心

图案：并蒂莲（图7-94）。并蒂莲，也叫并头莲，指一支花梗上长出两朵莲花。并蒂莲用来比喻夫妻相得，同心同德，共谐连理，白头到老。

7. 因和得偶

图案：荷花、莲蓬、莲藕（图7-95）。莲蓬，内有数十个小孔结实曰莲子，孔与孔分隔如房叫莲房。"藕"与"偶"同音。"荷"与"和"同音。寓意因和善得佳偶，或和睦而生财。

图7-94　并蒂同心

8. 白头富贵

图案：牡丹、白头翁（图7-96）。白头翁，鸟名，头部的毛黑白相间，老鸟头部的毛变成白色。民间常用来比喻夫妻和睦，"白头偕老"。牡丹为富贵花，代表富贵。"白头富贵"指夫妻和谐，生活美满，两相厮守到老。

图7-95　因荷得藕

9. 长春白头

图案：月季、寿石、白头翁（图7-97）。月季花一年四季都开放，为四季长春之意；寿石和白头翁代表长寿。"长春白头"代表和谐幸福的家庭生活、夫妻相敬如宾，同偕白首的颂词。

图7-97　长春白头

图7-96　白头富贵

10. 鸳鸯贵子

图案：鸳鸯、莲花、莲实（图 7-98）。鸳鸯，用来比喻夫妻恩爱，据说鸳鸯成对游弋，夜晚雌雄翼掩合颈相交，若其偶失，永不再配。莲实，即莲子，喻连生贵子。"鸳鸯贵子"寓意夫妻恩爱，孕育后代，同偕到老。

11. 富贵万代

图案：牡丹、蔓草卷延（图 7-99）。蔓草，带状藤蔓植物，蔓带与"万代"谐音。"富贵万代"喻子子孙孙都过富裕幸福的生活。

12. 麒麟送子

图案：童子手持莲花、如意，骑在麒麟上（图 7-100）。麒麟，传说中的神兽，象征吉祥和瑞。"麒麟送子"，意指圣明之世，麒麟送来的童子，长大后乃经世良材、辅国贤臣。有"天上麒麟子，人间状元郎"之说。

13. 连生贵子

图案：莲花、桂花，也有以莲花、笙和儿童组成（图 7-101）。莲与"连"同音、桂与"贵"同音、笙与"生"同音。莲花寓意连生，桂花寓意贵子。"连生贵子"体现了"多子多福"的传统观念。

图 7-98　鸳鸯贵子

图 7-99　富贵万代

图 7-100　麒麟送子

图 7-101　连生贵子

14. 五子闹弥勒

图案：五个童子与弥勒佛戏耍（图7-102）。弥勒佛，在佛教寺院中袒胸露怀、笑容满面、和蔼可亲。五个童子与弥勒佛嬉戏，有的拉裤带、有的穿鞋、有的戴帽、有的拿如意、有的掏耳朵，合家欢喜，其乐融融，体现了欢乐大家庭的景象，常用于三代同堂或四世同堂的家庭摆设，表示阖家欢乐。（图7-103）。

图7-102 五子闹弥勒

15. 安居乐业

图案：鹌鹑、菊花、枫树（图7-104）。"鹌"与"安"同音，"菊"与"居"谐音，枫树落叶是秋季佳景，"落叶"与"乐业"谐音。"安居乐业"，即安于所居，乐于从业。

图7-103 五子闹弥勒

16. 九世同居

图案：九只鹌鹑、菊花（图7-105）。菊花，因其素雅高洁，常比之为"君子"，这里借"菊"与"居"谐音；九只鹌鹑喻九世。"九世同居"表示大家庭的和睦、安康生活。

图7-104 安居乐业

图7-105 九世同居

17. 金玉满堂

图案：金鱼数尾（图7-106、图7-107）。金鱼，鱼与"余"同音，隐喻富裕、充余。"金玉满堂"，寓意财富极多，亦称誉才学过人。

图7-106　金玉满堂

图7-107　金玉满堂

18. 年年有余

图案：爆竹、民间玩具，鱼或儿童抱鲤鱼，莲蓬、莲藕和鲤鱼（图7-108、图7-109）。用爆竹寓意新年的到来，莲藕也寓"年"，代表年年。"鱼"与"余"同音，比喻生活富裕，家境殷实。表达欢庆之情，又图来年吉利。

图7-108　年年有余

图7-109　年年有余

19. 三多九如

图案：蝙蝠或佛手瓜、桃、石榴、九个如意（图7-110）。佛手瓜、寿桃、石榴，表示三多：多福、多寿、多子。九如：如山、如阜、如陵、如岗、如川之方至、如月之恒、如日之升、如松柏之荫、如南山之寿。表示祝寿之词。

20. 榴生百子

图案：石榴（图7-111）。石榴，果内结实（种子）甚多。民间常用来寓意多子多孙。

21. 流传百子

图案：石榴或葡萄（图7-112）。两者皆多"籽"，而且都带有藤须，"须"表示长久之意。"流传百子"意为多子多福，流传百世。

22. 子孙万代

图案：蔓带藤、葫芦、石榴（图7-113）。蔓带藤，蔓生植物的枝茎。"蔓"与"万"谐音，"蔓带"谐音"万代"；"葫芦"谐音"福禄"；葫芦和石榴，果内结实（种子）甚多，意为"多子"。民间常用来寓意子孙满堂，多子多福，如"榴生百子"，也表示"富贵万代"。

图7-110 三多九如

图7-111 榴生百子

图7-113 子孙万代

图7-112 流传百世

（五）安宁平和类

表达了人们对安定平和生活的追求与向往，主要用宝瓶、如意、平安扣等表示。一些常年在外工作或工作、生活漂泊不定的人佩戴，以寄托家人对他的平安祝愿。

1. 富贵平安

图案：花瓶或苹果、牡丹（图7-114）。花瓶的"瓶"字、苹果的"苹"字均与"平"同音，喻"平安"，两个意思连在一起表示"平平安安"。牡丹又喻富贵花，大富大贵。牡丹插入花瓶中组合一起表示"富贵平安"。

2. 四海升平

图案：大海波浪、宝瓶、牛角、芦笙（图7-115）。大海波浪代表大海，宝瓶为平安，牛角和芦笙都可以吹出声音，为"升"。表示天下太平，吉祥如意。

图7-114　富贵平安

3. 四季平安

图案：用月季或四季代表花卉梅、兰、荷、菊等插入瓶中（图7-116）。月季或四季花卉表示一年四季，花瓶为"平安"，意为"四季平安"。寓意一年四季，月月幸福，天天平安。

图7-115　四海升平

图7-116　四季平安

4. 马上平安

图案：信使骑马奔驰送家书（图7-117）。"马上平安"，也叫"马报平安"。古代交通不便，传送家书、口信都是通过信使，信使骑马带信，到达目的地后，未下马就给对方转达口信，报家人平安与祝福，以慰焦虑之情。因此，"马上"即为比较快，"马上平安"表示非常快地转达平安之意，同时也表达对亲人或亲朋的良好祝愿。

图7-117　马上平安

5. 竹报平安

图案：童子点燃爆竹或竹子与鹌鹑（图7-118）。相传敲击竹子，让竹节破裂发出的声音可以驱除鬼神，称"爆竹"，后演变为点鞭炮，在新年到来或庆典、开张、开业，都要燃点爆竹，所谓"爆竹一声除旧岁，桃符万象更新篇"。"竹报平安"寓意驱除邪恶，祈祷安康。玉佩中也用雕刻竹节来表示"竹报平安"。

6. 太平有象

图案：象驮宝瓶（图7-119）。大象，代表世间新气象，新景象，万象更新；宝瓶，为观世音的净水瓶，内盛有圣水，滴洒能得祥瑞；太平，世世安宁和平。"太平有象"形容太平盛世（图7-120）。

图7-118　竹报平安

图7-119　太平有象

图7-120　太平有象

7. 平安扣

图案：圆环形玉扣（图7-121）。从战国时期的玉璧（图7-122）——"和氏璧"演变而来，与"卞和献玉""和氏璧"和"完璧归赵"等的历史典故有着千丝万缕的联系。

据《韩非子·和氏》记载，在战国时期的楚国人卞和在荆山上捡到了一块石头，断定是一块完美的宝玉，两次进宫献宝分别拿给楚历王和楚武王，但都被宫廷玉匠断定为一般石头，均犯下了欺君之罪，被施以"刖刑"，砍去了双腿。到楚文王登基后，宝玉才被接受，切开后果然是一块完美无瑕的美玉！为纪念卞和执着的献玉精神，将美玉雕刻成为一块玉璧，命名为"和氏璧"。"和氏璧"几经辗转，最后成为了赵国的国宝。秦国知晓后，愿以十五座城池换取此玉璧。为了保百姓一方平安，赵国便派使臣蔺相如带着和氏璧到秦国交换。但到秦国后发现秦王并非真心，就派手下将和氏璧悄悄地带回到了赵国，即"完璧归赵"。"和氏璧"承载了执着追求的信念、舍身忘我的精神、完美无瑕的情操、圆圆满满的心愿、平平安安的祝福和团团圆圆的期盼，是中华民族精神文化的集中表现。"平安扣"可以说是从玉璧的文化中提炼演变而来的，尽管它没有玉璧表面传统的纹饰图案，也不像古玉那样大，以随身挂件形式出现，简洁、圆满和无缺的造型，是传统祝福文化的典型代表，表达了"平平安安、圆圆满满、完美无瑕"之意。

图7-121　平安扣

图7-122　玉璧摆件

8. 平安无事

图案：方牌，表面平整光滑，不做雕刻，"无字"谐音表示"无事"，为"无

事牌"。代表"平安无事"（图7-123）

（六）事业腾达类

象征人们对个人成就和仕途前程的向往与祝愿。图案中主要用荔枝、桂圆、核桃、鲤鱼、竹节、龙鱼等来表示。

1. 一路连科

图案：鹭鸶、莲花、芦苇（图7-124）。"鹭"意为"路"，"莲"取"连"意，芦苇生长常是一棵棵连成片，表示"连科"。在过去科举考试中，连续考中称为"连科"。"一路连科"寓意应试顺利、仕途顺遂。

2. 喜得连科

图案：喜鹊、莲、芦（图7-125）。"喜得连科"祝贺连连取得应试好成绩。

图7-123　平安无事（伊贝紫珠宝提供）

图7-124　一路连科

图7-125　喜得连科

3. 连中三元

图案：荔枝、桂圆及核桃，或三个金元宝（图7-126）。荔枝、桂圆和核桃三者都是圆形的。"圆"与"元"同音，"三元"指解元、会元、状元。"连中三元"即夺得旧时科举考试中的乡试、会试、殿试第一名解元、会元和状元，合称三元。

4. 喜报三元

图案：喜鹊、三个桂圆或三个元宝（图7-127）。这是对参加科举的人的吉利赠言或贺词。"喜报三元"也为"三元及第"。

5. 三元及第

图案：元宝，用金银制成的锭子（图7-128）。三元，指科举考试中的乡试、会试、殿试第一名。"及第"即榜上有名。寓意名列前茅。

图 7-126　连中三元

图 7-127　喜报三元

图 7-128　三元及第

6. 状元及第

图案：戴冠童子手持如意骑在腾飞的龙上（图7-129）。冠，帽子，冠与"官"同音，童子戴冠，表示科举成功；骑龙，如同鲤鱼跳过龙门，而成为龙一般，期望小辈们能够"望子成龙、出人头地"。"状元及第"，即考中状元高居榜首。

图7-129　状元及第

7. 封侯挂印

图案：猴子爬到枫树上挂印章（图7-130）。"猴"与"侯"同音，即侯爵，古时官名，封侯，指被封为侯爵；印章指做官的大印，是权力的象征。"封侯挂印"是古时帝王赐予侯爵地位与权力的象征，比喻即将高升。

8. 马上封侯

图案：猴子骑在马背上（图7-131）。"马上"表示非常快，"猴"与"侯"谐音，为侯爵。寓意仕途得意，非常快地得到提升。

9. 功名富贵

图案：雄鸡、牡丹（图7-132）。雄鸡即公鸡。李贺名句："雄鸡一唱天下白。"鸡鸣将旦，光明到来。"公"与"功"，"鸣"与"名"同音，比喻功名。牡丹为富贵花。"功名富贵"，寓意仕途康庄，富贵逼人而来。

图7-130　封侯挂印

图7-131　马上封侯

图7-132　功名富贵

10. 一甲一名

图案：一只鸭或蟹、芦苇（图7-133）。中国自隋朝以后，皆采取"科举"制度。考试分级进行如乡试、会试、殿试等。明清时，通过最高殿试后再分三级称三甲，一甲前三名称状元、榜眼、探花，"一甲一名"即状元。"甲"与"鸭"谐音，"鸭"意科举之甲。民间艺术中，常描绘鸭子游弋水上，旁配芦苇或蟹钳芦苇，寓意中举。也有对出远门的行人赠送鸭子或螃蟹者，祈祷前程远大。

图7-133 一甲一名

11. 平步青云

图案：牧童骑牛放风筝，风筝扶摇直上，高入云端（图7-134）。青云，指高空，比喻地位之高，亦叫"直上青云"，比喻春风得意，步步高升。

12. 节节高升

图案：竹节、竹鼠或猴子。竹节上竹鼠或猴子等小动物往上爬（图7-135），意为"节节高升"。也表示向上的一级级台阶，比喻仕途得意，步步高升（图7-136）。

图7-134 平步青云

图7-135 节节高升

图7-136 步步高升（A宝翡翠提供）

13. 望子成龙

图案：龙、童子或老鼠（图7-137）。童子为"子"，鼠在生肖中也为"子"，"龙"比喻状元及第、飞黄腾达。表示希望后代能够一举成名，出人头地。

14. 鲤鱼跳龙门

图案：龙门、鲤鱼和龙（图7-138）。龙门，位于山西省河津市西北的黄河峡谷，传说黄河中的鲤鱼跳过龙门后，就会变成龙，腾飞青云。比喻希望能够一举成名、升官发达，有"望子成龙"之意。也比喻逆流前进，奋发向上。

图7-137 望子成龙　　图7-138 鲤鱼跳龙门——望子成龙

15. 龙头鱼

图案：龙首鱼身，童子（图7-139）。鲤鱼跳过龙门将变成龙，龙头鲤鱼身表示鲤鱼已经成为龙形，尚留鱼尾，说明大功即将告成，但还需再继续努力一把，即将功成名就，还需再接再厉。也体现"望子成龙"之意。

图7-139 望子成龙

16. 代代封侯

图案：大猴背上背一小猴（图7-140）。"背"与"辈"谐音；"猴"与"侯"同音，过去五等爵位的第二等，如侯爵。意为"辈辈封侯"或"代代封侯"，表示每代都是积极向上，加官进爵，家族显赫。也称为"辈辈封侯"。

17. 指日高升

图案：一长者或童子一手直指太阳（图7-141）。指日，意为指日可待，马上之意；太阳高升，比喻仕途广阔，步步高升。

18. 官上加官

图案：鸡冠花、雄鸡（图7-142）。雄鸡以红艳的鸡冠而威风凛凛，鸡冠与鸡冠花都有"冠"，与"官"同音，意为"官上加官"。表示仕途远大，飞黄腾达。

19. 五子登科

图案：一只母鸡身上和周边围着五只小鸡、鸡冠花（图7-143）。五只小鸡意为"五子"。鸡冠花和鸡冠都有"冠"，与"官"同音，意为"官上加官"。传说五代后周时期，燕山府有个叫窦禹钧的

图7-140 代代封侯

图7-141 指日高升

图7-142 冠上加冠

图7-143 五子登科

人，他的五个儿子都品学兼优，先后登科及第，故称"五子登科"（图7-144）。窦禹钧本人也享受八十二岁高寿，无疾而终。当朝太师冯道为他赋诗："燕山窦十郎，教子有义方。灵椿一株老，丹桂五枝芳。""五子登科"寄托了一般人家期望子孙都能像窦禹钧五子一样获得科考成功，仕途顺意，榜上有名，官上加官。

图7-144　五子登科

（七）清廉友情类

表示人品清正廉洁，注情重友。以梅兰竹菊"四君子"、荷花等表示。

1. 岁寒三友

图案：松、竹、梅或梅、竹、石（图7-145）。松、竹在冬季也不会凋零，梅则值冬开花，三者都是在最寒冷、最残酷的环境中相聚在一起，比喻都是同甘共苦的患难之交，友情坚贞（图7-146）。

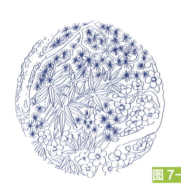

图7-145　岁寒三友

图7-146　岁寒三友情意暖，冰雪消融报春来

2. 兰桂齐芳

图案：兰花、桂花（图7-147）。兰花草向来比作高雅的君子。桂花花香袭人。"桂"与"贵"同音。"兰桂齐芳"寓意集高贵、典雅于一身。

3. 一品清廉

图案：荷花、荷叶（图7-148）。一品，古代最高官阶名称；莲，荷花。宋周敦颐《爱莲说》之句："出淤泥而不染，濯清涟而不妖。"至今脍炙人口。"莲"与"廉"同音，"一品清廉"寓意居高位而不贪，公正廉洁（图7-149）。

4. 一琴一鹤

图案：七弦琴，丹顶鹤（图7-150）。据《宋史·赵传》载神宗曰："闻卿匹马入蜀，以一琴一鹤自随，为政简易，亦称是乎！"冀其为政简易，如其行装也。"一琴一鹤"称颂为官清政廉洁，也用以称颂品德高尚者。

图7-147　兰桂齐芳

图7-148　一品清廉

图7-149

一品清廉尘不染，
独吐芳香蝶自来！
（文宝斋提供）

图7-150　一琴一鹤

5. 杏林春燕

图案：杏树，燕子（图7-151）。杏，杏仁可供食用或药用；燕子，春天的象征。相传，三国时，吴人董奉为人治病，不计报酬，但对治愈的病人，要求为他种杏树几株，数年后杏树蔚然成林，引来了不少燕子。后世常用"杏林春燕""誉满杏林"等语称颂医术高明的医生，也是对多行好义、道德学问高尚的人的赞扬。

图7-151　杏林春燕

6. 刘海洒钱

图案：刘海、金蟾、古钱（图7-152）。刘海蟾，道教全真道北五祖之一，受仙人点悟，弃官隐修于华山、终南山，果然得道成仙。元世祖时封为"明悟弘道真君"。金蟾，神话传说中月宫的蟾蜍，只有三条腿，后人们也把月宫叫蟾宫。中国民间流传有"刘海戏金蟾，步步钓金钱"的说法，传说吕洞宾弟子刘海功力高深，喜欢周游四海，降魔伏妖，布施造福人世。一日，他降服了长年危害百姓的金蟾妖精，在降服过程中金蟾受伤断其一脚，只余三脚。自此金蟾臣服于刘海门下，为求将功赎罪，金蟾使出绝活吐出金银财宝，助刘海造福世人，帮助穷人，发散钱财，人们称其为招财蟾。"刘海洒钱"寓意放弃功名利禄，淡泊修行，赞扬粪土金钱的品格。目前，市场上刘海是传统文化中的"福神"，也将金蟾作为招财之物，表示财源广进、大富大贵（图7-153）。

图7-152　刘海洒钱

图7-153　金蟾

7. 雪中送炭

图案：大雪纷纷的寒冷天送来了木炭，表示在危难之时得到了及时的关怀、温暖和照顾（图7-154），患难见真情。

图 7-154　雪中送炭（A宝翡翠提供）

（八）避邪消灾类

表示人们希望在某种神灵的保护下，生活顺利、事业顺心、身体健康、万事如意。代表性的玉佩图案有观音、佛、钟馗、关公等。

1. 钟馗捉鬼

图案：钟馗、小鬼（图7-155）。据《历代神仙通鉴》记载：钟馗系陕西终南山人，少小就才华出众。唐武德年间，赴京城应试，却因相貌丑陋而落选，愤而撞死殿阶。帝闻之，赐以红官袍安葬。到了天宝年间，相传唐明皇李隆基在临潼骊山讲武后，偶患脾病，久治不愈，一晚梦见一小鬼要偷珍宝，其间被一相貌狰狞的大鬼捉住，剜出其眼珠后把他吃掉。皇帝问是何人？大鬼声称自己为"殿试不中进士而撞殿阶而死的钟馗，因得先帝厚葬，臣感德不尽，遂誓替大唐除尽天下虚耗妖魅！"皇帝梦醒，即刻病愈。于是，命画师吴道子将梦中钟馗捉鬼情景作成一幅画，悬于宫中以避邪镇妖。这也才有了后来各家各户张贴的门神像——钟馗。

图 7-155　钟馗捉鬼

2. 天中辟邪

图案：钟馗手持长剑，蝙蝠（图7-156）。天中，即天中节，阴历五月初五日，民间的端午节。传说那天午时是天地阴阳交接之刻，蛇、蝎、蜘蛛、蜈蚣、蟾蜍等五种毒虫趁机出洞，蛊害造孽，此时钟馗专门

图 7-156　天中辟邪

出来打鬼和驱除邪祟。所以民间有张贴《天中辟邪图》的习俗,表示驱灾去邪之意(图7-157)。

3. 五毒俱全

图案:毒蛇、毒蜈蚣、毒蟾蜍、毒蜘蛛、毒蝎,称为"五毒"(图7-158),是世上最毒的五种类型。易经中强调阴阳平衡,认为毒如果积累多了,其他毒就不会再来了。佩戴"五毒俱全"可以百毒不侵,"以毒攻毒",有辟邪消灾之用。

图 7-157　钟馗

图 7-158　五毒俱全

4. 观音、佛

观音和佛都是来源于印度佛教。观音,又名观世音菩萨,是佛教中慈悲和智慧的象征,主导的大慈悲精神,被视为大乘佛教的根本。观世音,意思就是世间一切遇难众生只要发声呼救,观世音就会及时观其音声而前来相救。因为观世音菩萨大慈大悲,拯救一切苦难众生,故其全称为"大慈大悲救苦救难观世音菩萨"。后来因为避唐太宗李世民讳,略去"世"字,简称"观音"。

在中国的传统文化和易经中,十分强调阴阳平衡。既然有了信奉的女性神像观音,必然要有一个信奉的男身的神来与之相对应。弥勒佛,佛教大乘菩萨之一,常被称为阿逸多菩萨摩诃萨,是世尊释迦牟尼佛的继任者,未来将在娑婆世界降生修道,成为娑婆世界的下一尊佛(也叫未来佛),即贤劫千佛中第五尊佛,常被称为"当来下生弥勒尊佛"。"弥勒"是梵文 Maitreya 的音译简称,意思是"慈氏"。据说,此佛常怀慈悲之心,而现在笑口常开的弥勒佛形象,其实也不是印度佛教中的"弥勒佛",而是在中国按照一个名叫契此和尚的形象塑造的。契此是五代时明州(今浙江宁波)人,又号长汀子。他经常手持锡杖,杖上挂一布袋，出入于市镇乡村，在江浙一带行乞游化。他身材矮胖，大腹便便，笑口常开，且言语无常，四处坐卧，能预知晴雨，与人言吉凶颇为"应验"。因其总背一布袋，故也被称为"布袋和尚"（图7-159）。

在玉石佩戴中"男戴观音女戴佛"的观念，首要的是与我国道教和易经中推崇的阴阳平衡息息相关。男性属阳，女性属阴；而观音为阴，佛为阳，故"男戴观音女戴佛"可以使佩戴者达到阴阳的平衡。从中国的传统文化观点来看，阴阳之道就是宇宙万物的化生之道，阴阳流转、阴阳交替就是宇宙自然生生不息的内在本质，是人体生命运动的内在机制。因此，不管是修身还是养性，都需要达到阴阳的平衡，进而达到身心和谐、天人合一的境界。

男子以事业为重，情绪受外界工作环境的影响较大，性情比较反复。观音菩萨慈悲为怀，心性温和，仪态端庄（图7-160），男子身心好斗，永不服输，佩戴观音，以慈悲为重，增加了一份平静、谦和、稳重和矜持的心境，有益于在事业上的发展；同时，"观音"的谐音为"官印"，这与中国传统的"封侯挂印""升官发财"思想相对应，表示大权在握，也是人们对事业前程的蒸蒸日上、飞黄腾达的良好期望。

女子以家庭为重，以母亲的形象成为一家之主，是整个家庭的代表。弥勒佛头圆、肚圆、身子圆，一团和气，笑口常开，乐观向上、海纳百川（图7-161）。女性佩戴玉佛，充分体现了母

图 7-159

布袋和尚（大千翡翠提供）

图 7-160　观音

图 7-161　大肚佛

亲的慈爱、和气和包容的心态，不仅是对整个家庭和和美美、圆圆满满、欢欢喜喜的良好期望，也能像大肚佛一样偌大的肚量，能够容纳家庭生活繁琐之事，对待生活琐事也能笑口常开，和气生财，"家和万事兴"。佛的谐音就是"福"，戴佛也就是"代代有福"，生儿育女、传宗接代也只有女性来完成，戴佛能够保佑自己、家人和子孙和谐美满、富贵相安。翡翠佛肚子上往往有一点绿色，"佛绿"即"福禄"，代表了"福禄无穷"。

在玉雕中的"五子闹弥勒"的造型，也是充分体现了一团和气大家庭的欢乐景象。

5. 貔貅

相传貔貅是一种凶猛瑞兽，分为雌性及雄性，雄性名"貔"，雌性名为"貅"。貔貅在古时分一角和两角的，一角的称为"天禄"，两角的称为"辟邪"。后来多以一角造型为主（图7-162），人们喜欢称这种瑞兽为"貔貅"。

据说貔貅是龙王的九太子，主食金银珠宝，自然浑身珠光宝气，深得玉皇大帝与龙王的宠爱，因所食金银珠宝只能进，不能出，成为了招财进宝的瑞兽。

民间有说法：

一摸貔貅运程旺盛；

二摸貔貅财运滚滚；

三摸貔貅平步青云。

图 7-162　貔貅

6. 过关斩将

图案：关公、关公刀。关羽，关云长，汉末三国时期蜀汉名将，以红脸、长胡须、手持大刀、身披战袍为特征，有"过五关，斩六将"的传说，因为忠心耿耿、勇猛善战，后逐渐被神化，被民间尊为"关公"，又称美髯公，清代奉为"忠义神武灵佑仁勇威显关圣大帝"，崇为"武圣"，与"文圣"孔子齐名，各地都设有关帝庙以祭拜。因为是红脸关公,翡翠中关公多以翡色材料进行设计雕刻(图7-163),"过关斩将"表示在关公的护佑下,事事顺意,随心所愿。

(九)玉文化的现代表现手法

现代玉雕作品强调独创与创新,构思新颖巧妙,题材贴近生活,文化寓意的表达更为确切,同时强调设计与玉质巧妙结合,首饰镶嵌工艺与翡翠结合,使作品更加体现艺术性、时尚性和文化性。

1. 文化与设计创作交相辉映

翡翠设计创作与文化描述交相辉映,文化的寓意让翡翠作品焕发生机。

1)生生不息:生生不息,飞黄腾达

一件黑翡翠"烟斗",柄上雕刻一个知了(图7-164)。声声蝉鸣,久久不会停息;烟斗上点上香烟,一股青烟直往上冒,意为"飞黄腾达"。

2)决胜天下:爵盛天下博大怀,财源滚滚四方来

一对翡翠爵杯,口向上开,三只脚坐落在一个古钱之上,古钱外圆内方(图7-165)。爵杯是古时帝王将相出征打仗胜利之后用来饮酒庆功的酒杯,口子向上开,可装盛天下,"爵盛"谐音"决胜",要能容天下、胜天下需要有博大的胸怀;古钱为外圆内方,圆为天地,方为四面八方,比喻四方来财。全意

图7-163 关公

图7-164 "声声"不息,飞黄腾达

图7-165 爵杯(美珏珠宝提供)

为要能决胜天下，需要有博大的胸怀，幸福与财富也才会从四面八方滚滚而来。

3）升华：出生凡俗心明净，化作彩蝶任飞翔

一片桑蚕叶，上面有四条桑蚕，向上为蚕茧，最上层为一只蝴蝶即将展翅高飞（图7-166）。原雕刻起名为"蜕变"，为佛教观念修行的一级级上升。后改名为"升华"，附词句"出生凡俗心明净，化作彩蝶任飞翔"。桑蚕为毛毛虫，形象非常平凡，但是以绿色部位雕刻，也是最为透明的地方，体现了桑蚕虽然凡俗，但心里明净，"心知肚明"；随着一级级向上升华，化作了蚕茧，最后出茧成蝶，即将展翅飞翔，这是生命的一级级升华。本作品因此文化获得了"天工奖"银奖。

图7-166　升华

4）遨游：盛世海阔天地广，搏击狂澜任遨游

鱼群、珊瑚和海带体现了大海的情景，大海辽阔，凭鱼遨游（图7-167）比喻和平盛世，只要奋力拼搏，一定会闯出一片天地来！

图7-167　遨游

5）知足常乐：知足常乐，趾高气扬

一对胖乎乎的小脚，上面爬有一对蜘蛛，脚拇指微微往上翘起（图7-168）。蜘蛛谐音为"知"，脚为"足"，合为"知足常乐"，脚趾上翘比喻"趾高气扬"，神气十足。

6）普度众生：净瓶洒水千处应，普度众生紫气来

图7-168　知足常乐

紫罗兰观音摆件，观音一只手拿净水瓶，另一只手持珠子，仪态端庄（图7-169）。"净瓶"和"洒水"描述的是观音右手持净水瓶和左手捻水珠准备"洒水"的神态。观音手持净水瓶中的圣水，洒向哪里，哪里就春满人间，吉庆常在。"千处应""普度众生"描述观音菩萨能够观其音拯救世间苦难大众的有求必应慈悲心怀；"紫气来"恰当地运用了翡翠紫罗兰颜色的特征，反映在观音的护佑下，人们重获新生，紫色的翡翠表示"紫气东来"。表现了观音"瓶中甘露常遍洒，手内杨枝不计秋；千处祈求千处应，苦海常作渡人舟"的普度众生慈悲情怀。

7）一代天骄：成吉思汗

以巧雕形式描绘了成吉思汗的人物形象，庄重霸气的神态刻划出一代伟人，棕色的皮毡帽体现了草原牧民的特征（图7-170），取诗：

金戈铁马奔草原，驰骋欧亚惊人间。

一代天骄成霸业，快马加鞭莫等闲。

2. 生活情趣翡翠

雕刻师们凭借自己的生活阅历与情感，结合玉石质量特征，加工出一些反映真实生活事物或情景情趣的巧雕作品，体现了人们对精神生活的一种追求、感知和自我满足。作品往往博人一笑，愉悦生活，增添了不少生活情趣。

图 7-169　净瓶洒水千处应，普度众生紫气来

图 7-170　成吉思汗

"面面俱到"：一系列面食产品，有饼干、芝麻饼、麻花，还有饺子、包子、馒头等，所有面食应有尽有（图7-171）。

"玉米"：有虫子蚕食的痕迹，颜色、形态非常逼真（图7-172）。

"面包"：上面撒有芝麻，背面有烤焦的痕迹，造型和色彩上都非常相似（图7-173）。

图 7-171 面面俱到（严鹏提供）

图 7-172 玉米（严鹏提供）

图 7-173 面包（严鹏提供）

生活情趣翡翠作品，不一定要求材质上完美无缺，而是强调形象上和色彩上与真实物件的逼真效果，以及主题题材和作品表现的完美融合。它如同大人看到儿时的一件件玩具一样，能够通过作品，唤起人们对以往的回忆，珍惜当下的生活，激发对未来的追求。人们在欣赏与把玩生活情趣翡翠作品的过程中，愉悦心情、陶冶情操，回味过去、憧憬未来，整个身心都得到了较好的放松与净化。如"油淋鸡"（图7-174）、"猕猴桃"（图7-175）、"红烧猪蹄"（图7-176）、"油炸排骨"（意为"骨肉相连"）（图7-177）、"油豆腐"（图7-178）等。

图 7-174 油淋鸡（四会文宝斋翡翠博物博提供）

图 7-175　猕猴桃（严鹏提供）

图 7-176　红烧猪蹄

图 7-177　骨肉相连（严鹏提供）

图 7-178　油豆腐（严鹏提供）

3. 现代翡翠镶嵌作品

翡翠的镶嵌设计作为时尚珠宝的代表之一，通过贵金属与其他宝石镶嵌的结合，赋之予对应的玉石文化，可以完成雕刻无法表达的意义，能使翡翠作品达到锦上添花的效果。

"五福俱全"：利用镶嵌手法，把五只不同颜色的翡翠蝙蝠组合在一起，中间搭配一平安扣，与古钱币相似，寓意"五福俱全"（图 7-179）。

"平平安安"：以花瓶造型设计的吊坠，配有陶瓷特有的网格状裂纹线，中间

图 7-179　五福俱全

镶嵌紫罗兰吊坠（图7-180），花瓶代表平平安安，紫罗兰的紫色代表财气，反映了"平平安安、财气满满"的气息。

"平安福"：也是花瓶造型吊坠，利用古法金设计制作，上下镶嵌有绿松石，更显传统韵味，中间是绿色翡翠（图7-181），绿代表了"禄"，瓶也是"壶"，即"福"，也是"符"，是"平安福"，也是"平安符"，期待佩戴者"平平安安、福禄无穷"。

图7-180 平平安安

图7-181 平安壶

"财神爷"：典型的传统财神爷造型，头带官帽，手捧绿色翡翠大"元宝"（图7-182），意为"福禄无穷、财源滚滚"。

传统观音和佛镶嵌造型（图7-183、图7-184）：周边镶嵌钻石，形成佛光，更加显得神圣耀眼，同时镶嵌可以易于佩戴和对玉石起到保护的作用，再通过金

图7-182
财神爷

图7-183
镶嵌观音（传福珠宝提供）

图7-184
镶嵌坐佛（伊贝紫珠宝提供）

属亮光衬底增加了透光性的效果，让翡翠颜色更加鲜艳、更加通透、更加惹人注目，起到了明显装饰性效果。

福禄无穷：翡翠葫芦以两个心形造型镶嵌（图7-185），葫芦为"福禄"，也是两个满圆，代表了"心心相印、圆圆满满、福禄无穷"。

唯我独尊：以完美无瑕的玻璃种翡翠戒面镶嵌的吊坠，吊扣为一皇冠造型（图7-186），意为"完美无瑕，为我独尊"。

墨翠吊坠：周边镶嵌有鲤鱼、莲花瓣和水滴造型的钻石、红宝石和绿色翡翠（图7-187），代表了年年有余，灵动的设计和明亮、丰富的色彩与黑色墨翠反差的对比，更加体现时尚的特征。

"花豹"：以紫罗兰翡翠蛋面为设计，类似一个球，被花豹包裹（图7-188），体现了现代感写实的设计。

南国天使："孔雀"造型的胸针和吊坠两用款，翡翠蛋面为孔雀羽毛，配以珍珠点缀，点点翠绿，非常醒目，突出了孔雀翠绿色羽毛的特征（图7-189）。

图 7-185　心心相印、福禄无穷

图 7-186　为我独尊

图 7-187　年年有余，如鱼得水

图 7-188　花豹（宝莱源提供）

图 7-189　绿孔雀

翡翠的镶嵌首饰设计，既体现了传统玉石文化的特征，又弥补了玉石中现代文化表现的不足，是传统玉石文化的传承与发展，也是东方珠宝时尚文化的表现（图7-190，图7-191）。

翡翠玉石文化既继承了传统白玉文化的特征，同时也有珠宝时尚文化的精髓，表现形式和表现手法多种多样，是中华玉石文化的传承与发展。也正是有了中华源远流长的文化根基，让翡翠玉石文化得到了长足的发展。

图 7-190

蝴蝶——来自东方的爱情（伊贝紫珠宝提供）

图 7-191

花蕊（伊贝紫珠宝提供）

第八讲
翡翠的选购

在市场上如何进行翡翠的选购？需要注意哪些方面？这是每位翡翠爱好者和经营者十分关切的问题。若稍有不慎，选购的翡翠产品就可能存在某些方面的缺陷，或有不尽人意的地方，留下遗憾。因此，对翡翠的选购，需要慎之又慎，全方位去考虑。具体选购原则可从以下 8 方面入手：

（1）看颜色

（2）看质地

（3）看瑕疵

（4）看文化性表现

（5）看工艺

（6）看款式

（7）看尺寸大小、规格

（8）看价格

一、看颜色

翡翠的颜色在众多的玉石之中最为丰富，总体可以分为绿色、紫色、白色（无色）、翡色、黑色和组合色等各种颜色，并且有原生色和次生色之分，同类颜色在色调和深浅上也会千变万化。

（一）颜色种类

1. 绿色

绿色是翡翠的首要颜色，其中以鲜艳的翠绿色为贵。对绿色的要求是"浓""阳""俏""正""和"，其反面是"淡""阴""老""邪""花"（图 8-1）。

| 浓 | 阳 | 俏 | 正 | 和 |
| 淡 | 阴 | 老 | 邪 | 花 |

图 8-1　绿色翡翠色调和均匀性变化

(1)"浓"：绿色色调浓厚；

"淡"：绿色颜色偏淡，色调过浅。

(2)"阳"：绿色颜色鲜艳，明亮；

"阴"：绿色颜色不鲜亮，偏暗、阴沉。

(3)"俏"：绿色颜色鲜嫩，略带黄味，有朝阳之气；

"老"：绿色颜色过深，偏蓝味，显老气。

(4)"正"：绿色色调纯正；

"邪"：绿色颜色偏灰、偏蓝或泛黄。

(5)"和"：绿色颜色分布均匀；

"花"：绿色分布不均匀，深浅不一。

翡翠绿色分为原生绿色和次生绿色（图 8-2），其中原生绿色颜色都比较稳定，有铬致色和铁致色两类（图 8-3），后期基本不会变化；次生色包括翡色和次生

图 8-2　翡翠原生绿色和次生绿色

绿色，次生绿色会随着时间长久而发生氧化泛黄，价值不高（图8-4）。

铬致色绿色包括祖母绿色、翠绿色、芙蓉绿色、老坑绿、阳豆绿、豆青、花青、干青；铁致色绿色包括：晴水绿、油青、蓝水和墨绿等。

图8-3 铬致色的艳绿色和铁致色的油青绿色

图8-4 次生油青色表面氧化泛黄出现"锈丝"

2. 紫罗兰

有粉紫色、蓝紫色和粉红色三类（图8-5、图8-6）。

粉紫色：比较鲜艳，惹人注目，也是最常见的紫罗兰颜色，但颜色往往受照射光线影响较大，不同光线照射下颜色色调会有所不同；同时结晶颗粒往往比较粗，主要出现在中档—中低档次的糯化地以下的翡翠中，达到冰地以上的中高档粉紫色翡翠较为稀少。与粉紫色共生的有春带彩翡翠。

蓝紫色：颜色深沉，偏暗，在翡翠中也比较常见，以中档的糯化地出现较多，

图8-5 蓝紫色和粉紫色

图8-6 粉红色

同时高档次的冰地、蛋清地、玻璃地紫罗兰大部分为蓝紫色的，也弥足珍贵。与蓝紫色共生的种类有飘蓝花翡翠和撒黄金翡翠等。

粉红色：粉红色，黄粉色，色调偏黄，不带紫色调。出现较少，以糯化地和芋头地为多，颜色比较均匀。

3. 翡色

翡色有红翡和黄翡（图8-7）两种，为翡翠的次生色，由表生的氧化铁质浸染所致。

红翡：红色、褐红色或褐色（图8-8）。红翡往往出现在"水翻砂"翡翠赌石毛料之中，以皮层状出现，厚度不大，外裹砂皮，向内与原生翡翠会有一明显界线（图8-9）。红翡质地细腻，以糯化地为多；颜色以鲜艳红色为贵，大部分为褐色或褐红色，颜色偏暗，因此常常进行"烧红"处理，使颜色变得鲜艳（图8-10）。

图8-7 红翡与黄翡

图8-8 满色的红翡手镯

图8-9 翡翠毛料上的翡色层，与内部有一明显界线

图8-10 褐色翡色与烧红翡翠

黄翡：浅黄色、黄色、黄褐色（图8-11）。出现在翡翠残坡积料或水石料中，颜色沿表层往内不逐渐过渡，其中残坡积料的黄翡质地差，为比较常见的黄翡；水石料的黄翡质地较好，多在糯化地和冰地以上，颜色也较鲜艳，其中"鸡油黄色"（图8-12）、"冰黄"（8-13）的翡翠价值高。

图 8-11　翡色观音

图 8-12　鸡油黄年年有余

图 8-13　冰黄金蟾

4. 白色

白色有冰白和干白两类。

冰白：质地达到糯化地以上的白色翡翠，有冰清玉洁之美，质量较好（图8-14）。

干白：最常见的颜色品种，质地在芋头地以下的白色翡翠，属于中档—中低档品种，质量相对要差一些（图8-15）。

图 8-14　玻璃底冰白

图 8-15　瓷地干白

5. 黑色

乌鸡种翡翠，有纯黑色、灰黑色、灰白色。黑色是内部含有弥散状态的细小石墨碳质成分，石墨碳质含量的多少与分布均匀程度决定了黑色的程度（图8-16）。大部分黑色以豆地以下为多，透明度差（图8-17）；质量较好的黑色为纯黑色，并以糯化地、冰地以上透明的黑色为贵（图8-18）。

图 8-16　黑翡翠毛料

图 8-17　豆种黑翡翠挂件

图 8-18　冰黑翡翠

（二）翡翠的变色效应

一般来说翡翠的颜色是不会出现较大改变的，但在不同的光源照射下，有的翡翠也会出现一些变化。在带黄色调柔和的灯光下，翡翠颜色会显得鲜艳一些；在比较强的光源照射下，如太阳光和自然光，玉石内部的一些瑕疵会明显暴露出来，颜色也会变淡，品质也感觉没有灯光下那么好了。在一些翡翠的种类中，变色效应会表现得比较突出，直接影响对翡翠质量的判断，主要表现在紫罗兰色、晴水绿豆色翡翠之中。

1. 紫罗兰翡翠

紫罗兰翡翠对光线特别敏感，尤其是粉紫色的翡翠，在不同色温的光源下会产生不同的紫色调：低色温（＜3000K）黄色灯光下出现的是粉紫色；高色温（＞5000K）白色灯光下则出现蓝紫色，颜色偏蓝、泛灰（图8-19）。因此，翡翠销售柜台一般都使用带暖色调的黄白色光源照明，这会使得紫罗兰颜色艳丽漂亮，但在自然光下紫色就偏蓝、偏灰或偏淡。

同时，紫罗兰翡翠在不同的地域表现也会不同，在海拔高的高原地带地区紫外线比较强，紫罗兰颜色也会显得格外鲜艳，但低海拔地区紫罗兰颜色就会变淡。

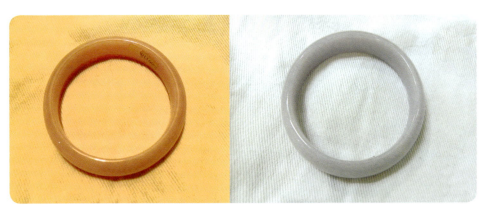

图 8-19　紫罗兰在白炽灯黄光（左）和在日光灯白光（右）下色调的变化

2. 晴水绿翡翠

晴水绿翡翠出现清淡而均匀的绿色，该绿色也是在柔和的黄色灯光下会比较明显，但在强白光或自然光下就会变淡或几乎无色（图8-20）。

图 8-20

晴水绿在黄光灯下比较明显（左），白光灯下变淡（右）

3. 豆种豆色翡翠

豆种豆色翡翠由于结晶颗粒较粗，在柔和的灯光下，绿色会显得比较鲜艳和均匀，"棉絮"不多，颗粒感也不明显；但在自然光或强光下观察，绿色会变淡，白色"棉絮"比较突出，颗粒感也会比较明显（图8-21）。

"月下美人灯下玉"，翡翠的最佳欣赏光源是柔和的带暖色调黄光光源。在白光或自然光下，颜色就不会十分明显了！但要看到翡翠的真实颜色，还是在自然光线下观察最好。

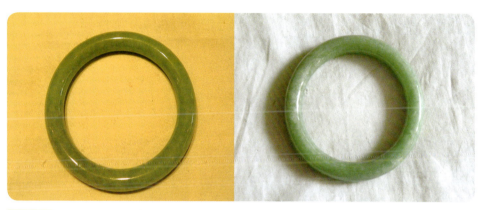

图8-21 豆种豆色翡翠在黄光灯下（左）和自然白光下（右）颜色的变化

4. 翡翠的变色与褪色

质地差的翡翠，如瓷地、干白地或狗屎地，由于质地疏松，表面会容易被污染，产生泛黄现象，同时质地差的紫罗兰翡翠表面不仅泛黄，还会褪色（图8-22）。次生油青色翡翠时间长了表面会发生氧化，原来的Fe^{2+}会氧化为Fe^{3+}，产生氧化锈丝，整体泛黄（图8-23）。因此，选购时尽量选择质地好的翡翠。

图8-22 质地差的紫罗兰表面出现褪色现象

图8-23 次生油青手镯出现氧化锈丝，整体泛黄

二、看质地

翡翠的质地有两层含义。

（1）翡翠中除绿色以外的背景色调，也称为"底色"。"底灰"指翡翠的背景色调偏灰；"底脏"指翡翠中有杂质、黄色锈丝或黑点。

（2）翡翠中矿物结晶颗粒大小及相互组合关系，即翡翠的细腻程度。质地细的翡翠，颗粒感不明显，圆润细腻，"棉絮"少，比较均匀，透明度好；质地粗的翡翠，结晶颗粒粗大，表面粗糙，"棉絮"明显，透明度差。

翡翠的质地从优到劣大致可以分为玻璃地、蛋清地、冰地、糯化地、芋头地、豆地、瓷地、干白地和狗屎地等（图 8-24 ～图 8-32）。

图 8-24　玻璃地

图 8-25　蛋清地

图 8-26　冰地

图 8-27　糯化地

图 8-28　芋头地

图 8-29　豆地

图 8-30　瓷地

图 8-31　干白地

图 8-32　狗屎地

高档— 中高档翡翠质地（如玻璃地、蛋清地、冰地等），均匀细腻，透明度好；中高档—中档翡翠质地如糯化地、芋头地和豆地，半透明，相对均匀；中低档以下的翡翠质地主要为瓷地、干白地和狗屎地，透明度差，结晶颗粒粗在选购收藏级的翡翠时，建议选择糯化地或芋头地以上质地的翡翠为主。

三、看瑕疵

翡翠中的瑕疵是影响翡翠品质的重要因素，也是翡翠价值的减分项。具体表现为杂质、棉、绺和裂等。

（1）杂质：翡翠中混杂的暗色杂质、钠长石矿物、角闪石矿物和氧化锈色。

暗色杂质：翡翠中混杂的暗色杂质矿物包裹体（图8-33），呈黑点状出

图 8-33　翡翠中的杂质"苍蝇屎"

现，如铬铁矿、磁铁矿等，俗称为"苍蝇屎"，出现较多将会影响翡翠的品质。

钠长石：与翡翠硬玉矿物伴生的钠长石矿物（图8-34）。钠长石含量占10%～25%的就不能称为翡翠，应为"含钠长石质翡翠"；钠长石含量在25%以上的，即为钠长石玉，俗称"水沫子"。

图 8-34　与翡翠共生的钠长石"水沫子"

角闪石：与翡翠硬玉矿物伴生的角闪石矿物，呈黑色、暗绿色，硬度相对要低，在抛光表面会留下凹坑或抛光不亮，俗称为"癣"，影响翡翠质量（图8-35）。翡翠中的"癣"一般设计雕刻时都会被剔除，若角闪石含量在10%～25%之间的只能称为"含角闪石质翡翠"；角闪石含量在25%以上的，即为"癣"，就不是翡翠了。

氧化锈色：呈丝条状、不规则斑点状出现在翡翠中的褐黄色氧化铁质。主要是翡翠近表层的次生氧化铁质或由次生绿色氧化产生的丝网状氧化铁质"锈丝"（图8-36）。

图 8-36　氧化锈色

图 8-35　翡翠中的黑色角闪石"癣"

如果氧化铁质呈星点状均匀分布，俗称为"撒黄金"，为一特色的翡翠特征，价值相对要高，主要出现在紫罗兰翡翠中（图8-37）。

图 8-37　撒黄金

（2）棉：翡翠中不规则团块状、棉絮状或云雾状的白色絮状物。棉多会导致翡翠显灰发朦，有雾感，浑浊不清，同时会掩盖内部的颜色（图8-38）。

（3）绺：翡翠中的丝条状、面状的白色絮状物，是翡翠形成过程中产生的裂隙，后期又被生长愈合而留下一些丝条状、面状的痕迹，即为愈合裂隙，也称为"水纹""石纹"或"石筋"（图8-39），对翡翠的品质影响不大，但对整体形象会有影响。

图 8-38

翡翠的白色"棉絮"

图 8-39

石纹：冰地翡翠山水牌中的愈合裂隙

（4）裂：翡翠在形成或加工过程中产生的破裂，呈线状、条状或面状出现。"绺"与"裂"性质不同，绺是翡翠愈合裂隙留下的痕迹，对品质影响不大；而裂会形成完整的裂面，对翡翠的品质影响较大。裂在翡翠表面会有裂线出现，指甲刮不光滑，有阻滞感，在透射灯照射下裂隙两边会出现明显的明暗差异（图8-40）；绺在表面不会有痕迹，指甲刮比较顺溜，透射光下棉绺两侧光影明暗一致，没有差别（图8-41）。

图 8-40

裂在透光下两侧显示明暗不同

图 8-41

石纹，两侧明暗差别不明显

图 8-42

避裂：利用雕刻线条来掩盖裂隙

在一些雕刻件中，会设计一些装饰条纹来掩盖内部裂隙的存在，雕刻工艺中称为"避裂"（图 8-42）。

四、看文化性表现

翡翠的价值除了质量价值外，更重要的还在于其文化价值。

翡翠成品，尤其是挂件和摆件都会表现出特殊的文化内涵，如"年年有余"、"福禄寿"、"福寿如意"等。翡翠的佩戴十分讲究的也就是其中的文化寓意，如送新婚佳人"龙凤牌"、"鸳鸯牌"，预祝情侣夫妻恩爱，情投意合；小孩佩戴小麒麟，祝福他长大成材，所谓"天上麒麟子，人间状元郎"；老人佩戴"福禄寿"、"仙猴献寿"、"人生如意"等玉佩，祝福老人健康长寿。

图 8-43 为绿色的四季豆镶嵌吊坠，绿色四季豆

图 8-43 四季常青

代表四季常青,金属丝条代表了"蔓带藤",意为"万代""长久"的意思,反映了"四季常青、青春永驻"的寓意。

图8-44《英明神武》雕刻的是一只即将展翅高飞的神鹰。取意:

高瞻远瞩看世界,鹏程万里拂人生。

图8-45《佛陀》,雕刻的是佛祖脚踏莲蓬,背面为一本书卷,赋诗:

人生旅途一本书,

承载酸甜辛辣苦;

心中有佛菩萨佑,

一路莲蓬普天舒。

将佛陀出生"七步七莲蓬"的情景也描绘出来了,非常生动。

图8-44 英明神武

图8-45 佛陀

五、看工艺

(1)构图设计。构图设计是玉雕作品文化性表现的关键,要求构思巧妙、主题突出,充分反映文化内涵,并且设计图案与玉质、颜色完美结合。

图8-46雕刻的为生姜,底座配以木桶,"桶"与"统","姜"与"江"谐音,意为"一统江山",玉雕设计与底座设计的完好结合,较好地表达了作品的意义。

有的设计缺乏整体性，或者在构图上与主题有所违背，无法表达设计主题的寓意。

图 8-47 为《过关斩将》，关公题材中以关公刀为亮点，但受材料限制，关公的大刀弯曲了，类似于"镰刀"，没办法把关公刀铮铮闪亮、寒气逼人的风采展示出来，关公何来勇气"过五关斩六将"？

图 8-48 是以"2008 北京奥运"为题材的雕件《拼搏》，巧妙地利用龙身勾画出"2008"字样的龙船，并配以奥运五环，反映了奥运"拼搏向上"的主题，但在旗帜的设计上，飘扬的方向正好相反，前行方向变成了顺风顺水，无法体现奥运竞技逆风而上的拼搏精神。

在观音和佛的设计中一般要求脸面纯净，不要有杂色，但图 8-49 中观音脸部没有避开飘蓝花，显得脸面过于杂乱，影响了观音的整体形象。

图 8-46　一统江山

图 8-47　过关斩将

图 8-48　北京奥运　　　　图 8-49　观音

（2）雕刻工艺。雕刻工艺的好坏直接影响翡翠成品的价值，取决于雕刻师的工艺精炼程度和玉石文化表现及设计的理解。质量一般的翡翠玉料，经过工艺大师的精雕细琢，也会栩栩如生，提升其工艺价值；但再好的玉料，雕刻工艺不好，也是对玉料的糟踏。

图8-50　两个雕刻不同的观音

在图8-50中，左侧观音雕刻细致，把观音的端祥、庄重的神态表现得非常到位；右侧观音雕刻的脸颊则过窄，背后光环也不够圆，为了保留绿色部位，设计了手持如意，但手持的姿势不协调，如意形态也不像，整体构图和雕刻都不到位，没有把观音的形象特征表现出来。

在图8-51中，同样是大肚佛，左侧佛的头圆、身圆、整体都是圆的，笑容可掬，圆圆满满，和和美美；右侧佛的颜色为满绿色，材质不错，但设计雕刻的佛的头部额头过窄，不够饱满，两肩耸起，无法体现笑佛的特征。

图8-51　两个雕刻不同的大肚佛

图8-52的站佛，整体雕刻都好，但设计了一只脚站立，另一只脚翘起，站立的脚过于笔直，让人感觉重心不稳，随时有倾倒的感觉，不够协调。

图8-52　站佛

图 8-53 为逍遥自在佛，雕刻的是布袋和尚，侧卧的身体，满面笑容，一只脚高高翘起，表现出大肚佛趾高气扬、逍遥自在的特征，十分可爱。佛作为一个神像，身后为一个光环，但其佛光明显错位了，与头部不对称，与其说是"佛光"，倒不如说是"草帽"，做工形似神不似。

在雕刻工艺中，还有调水、调色、调光的说法。

"调水"是对透明度不好的部位进行背面减薄处理或进行镂空处理，增加其透光性，在视觉上提高其透明度，使水头（透明度）增加（图 8-54）。对一些糯化地、芋头地的翡翠来说，通过"调水"，可以使它达到冰地的效果。

"调色"是将颜色比较深的翡翠在背部进行挖空，进行减薄处理，再通过金属衬底，让金属反光将颜色反射出来（图 8-55）；或进行镂空雕刻，增加透光性，使颜色能够透射出来。

"莹光"是指种水好、比较饱满的翡翠由于聚光作用和漫反射作用的综合效果，在弧面位置出现的亮光（图 8-56）。"莹光"可以作为衡量翡翠种水和厚薄好坏的指标，只有种水好、比较厚的弧形部位才会出现"莹光"。

图 8-53 逍遥自在佛

图 8-54 背部挖出沟槽进行调水

图 8-55 调色：通过背部挖空减薄，再衬底使颜色显露出来

图 8-56 翡翠的"莹光"

"调光"就是在翡翠背部适当部位雕一沟槽或弧面，通过对光线的反射，在正面出现一条弧面型的亮光，来模仿翡翠的"莹光"（图 8-57）。

真实的"莹光"与通过"调光"出来的"莹光"有所不同：真实的"莹光"在转动翡翠时，荧光亮点逐渐过渡，位置也会随观察角度不同或摆动而产生游动，"莹光"比较活（图 8-58）；调光调出来的"莹光"范围比较固定，比较呆板，明暗界线分明，摆动翡翠"莹光"不会产生游动（图 8-59）。调光可以增加翡翠作品视觉上的美观性、产生种水好的效果，但调光背部雕刻位置不对时，可能会导致"莹光"位置偏离，使不该有亮光的部位反而出现了"莹光"，效果适得其反（图 8-60）；同时，过分的调光，会使翡翠分量减少，过于轻飘，失去了玉石的厚重感。

（3）抛光工艺。翡翠是玻璃光泽的，但它的明亮程度主要取决于翡翠的抛光好坏。抛光好的翡翠表面光滑，光泽明亮；抛光差的翡翠表面毛糙或出现加工痕迹，光泽相对黯淡。

抛光分为人工抛光和机器抛光。抛光工艺的不同，产生的成本和翡翠的品质也不同。

人工抛光是人工用手拿抛光件在吊机或抛光轮上抛光，抛光比较精致，细致到

图 8-57　调光

图 8-58　冰葫芦的自然"莹光"

图 8-59　通过调光产生的"莹光"

图 8-60　调光不当"莹光"表现位置偏离

位，是高档次翡翠主要的抛光工艺。

机器抛光是利用震动机加入磨料对翡翠进行摩擦抛光，抛光省时、省工，但不够精细，轮廓细节抛光不一定到位，而且对雕刻的细致花纹会有磨损，导致纹路不清晰，主要是针对中低档次批量生产的产品抛光。

翡翠抛光是一项技术性较强的工艺，为了掩盖抛光缺陷，加工时会用打蜡、抹油、喷漆的方法，对抛光不好的翡翠表面或难以抛光的沟槽部位进行处理。主要鉴别方法有打蜡者用针尖、牙签等刻划凹槽部位，会有蜡的粉末划出；抹油者易染手，用白纸包裹会有油印映出；喷清漆的表面虽然光亮，但用手摸会显得比较粗糙，不光滑。

（4）镶嵌工艺。镶嵌工艺的评判主要表现在以下方面。

镶嵌稳固性：镶嵌的主石（翡翠）与副石（碎钻等）平稳牢靠，不松动，不倾斜。

镶嵌匀称性：镶爪、镶边大小一致，对称分布，翡翠及群镶副石大小协调一致。

镶嵌装饰性：镶嵌金属和宝石在大小、色彩、光泽、构图方面都起到画龙点睛作用，符合美学原则，增加了翡翠的装饰效果（图8-61、图8-62）。图8-63所示的镶嵌佛，上下金属过厚，显得过分厚重，有压抑感。

图8-61 镶嵌紫罗兰吊坠

图8-62 镶嵌冰种吊坠

图8-63 镶嵌绿佛

六、看款式

根据翡翠的不同款式，有不同的工艺要求。

（1）戒面：戒面一般形状主要是椭圆形、圆形、马鞍形、马眼形、水滴形和异形等（图 8-64 ~ 图 8-68）。

图 8-64　椭圆形

图 8-65　圆形

图 8-66　马鞍形

图 8-67　马眼形

图 8-68　水滴形

戒面颜色以祖母绿色、翠绿色、豆绿色等为主，其次是晴水绿、油青绿色、蓝水、墨绿（墨翠），其他颜色有白冰、红翡、黄翡、粉紫色和蓝紫色。其中颜色鲜艳，分布均匀，质地细腻，无棉絮或少棉絮，形状规则，颗粒饱满，圆滑匀称的翡翠戒面受人欢迎，不要过于扁平或形状不规则、不匀称。

（2）手镯：根据圈口形状可以有圆圈、扁圈、贵妃圈、方形圈、雕花和镶金丝手镯。可以根据个人喜好进行选择。

圆圈手镯：传统手镯款式（图8-69），也是古玉手镯的主要类型。圆圈手镯圆滑顺溜，手感也比较好，方便佩戴和摘取，体现了端庄典雅的气息，也是当今高端翡翠手镯的主要款式，也称为"正庄"手镯，往往是高端翡翠拍卖会上出现的手镯款式。

扁圈手镯。手镯外侧为圆弧形，内侧为平面的手镯（图8-70），内圈扁平，佩戴比较贴手，舒适感好；同时，内圈不用磨圆，手镯厚度也不大，既省材料，也省工，是目前比较常见的手镯款式。

贵妃圈手镯。手镯形状为椭圆形（图8-71）；贵妃圈手镯是由于原材料上存在有瑕疵或受材料大小限制，无法加工成正圆形的手镯，只能加工成椭圆形的，以避开裂隙纹路及其他瑕疵。贵妃圈手镯椭圆的内圈与手腕形状相似，佩戴时手镯不会发生旋转，也比较贴身，还可以让颜色、质地等质量最好的部位显露在外一侧，装饰效果较好。

图8-69 圆圈手镯

图8-70 扁圈手镯

图8-71 贵妃圈手镯

方形圈手镯。横断面为四方形的款式（图8-72），显得比较前卫、时尚与夸张，加工也比较方便，但市场上不多流行。

雕花手镯。在手镯面上雕刻一些动物、花草、镂空等纹饰，或将手镯雕刻成绳结状纹饰，增加装饰效果（图8-73）。雕花手镯一般是手镯有裂纹或瑕疵，利用雕花形式将裂纹等瑕疵除去或掩盖，工艺上称为"避裂"；或翡翠有局部突出的颜色或种水，为了最大程度的保留颜色部位或种水好的部位而进行雕花；或在翡翠表面增加有规律的纹饰、镂空处理，增加手镯的透明度、颜色鲜艳程度和表面装饰性美感（图8-74）。

图 8-72　方形圈手镯　　　图 8-73　雕花手镯　　　图 8-74　雕花纹手镯

包金（丝）手镯。在手镯上包金或镶有金丝的手镯（图 8-75），一般包金或镶金丝手镯是由于手镯断裂或损伤出现裂纹，为掩盖裂纹和保护手镯而进行包金或镶金丝的补救处理，既增加了手镯的整体美观性，也掩盖了裂纹等瑕疵，增加了牢固性。

需要注意的几点：手镯的粗细和圈口直径的大小是否合适；是否存在裂纹和瑕疵，纵裂对手镯质量影响不大，横裂影响就比较大；雕花手镯和镶金丝手镯可能隐藏有内裂，雕花或镶金丝主要是为了掩盖纹路或裂隙。

（3）挂件：有方牌、单面雕、双面雕、立体雕、包金等。需要有明确的文化内涵，题材新颖丰富。

方牌：也称为"子冈牌"。表面以浅浮雕为主，雕刻以书法、山水和人物绘画（图 8-76），要求翡翠质地细腻、均匀、颜色变化不大，体现大方、厚重感的材质，多以男士佩戴为主。

单面雕：正面雕刻纹路图案，背面为平面或略带弧形，相对比较贴身。如观音、佛、生肖牌等（图 8-77）。

图 8-75　镶金丝手镯　　　图 8-76　方牌《乾坤明素》　　　图 8-77　单面雕观音
　　　　　　　　　　　　　　　（张炳光大师作品）

双面雕：正反两面都有雕刻，有正反对称雕刻，也有表现不同图案意义（图8-78）。

立体雕：以动物生肖、貔貅和瓜果为多（图8-79），可做挂件，也可做包饰、腰饰等。

图 8-78 双面雕"生意兴隆"

图 8-79 立体雕唐马

镂空雕刻：针对颜色深、透明度差的翡翠，进行镂空处理，可以增加翡翠颜色或透明度（图8-80）。

镶嵌：传统玉石文化与现代时尚文化的结合。镶嵌金属不仅是为了固定翡翠，便于佩戴，同时也是增加翡翠作品的时尚感和装饰效果（图8-81、图8-82）。

图 8-80 镂空雕刻

图 8-81 时尚镶嵌宝宝佛

图 8-82
沉香木、黄金镶嵌禅修

素面雕刻：对于满色、种水较好、无瑕疵或满色的翡翠，只需要雕刻简洁的线条，保持其最大的分量，大部分为素身，只留一个花头雕刻（图8-83）。既体现作品无太多瑕疵裂隙，也显得饱满厚重。

花件雕刻：强调文化寓意，题材鲜明。对颜色复杂或有瑕疵存在的翡翠，通过巧色、"避裂"等雕刻设计消除瑕疵影响，有效地发挥颜色、质地的作用，并更加体现作品的文化寓意（图8-84）。

图 8-83　素面雕刻

图 8-84　花件雕刻"年年有余"

七、看尺寸大小、规格

翡翠制品的选择应当大小相宜，重点考虑尺寸大小、厚度、比例、形状等。

挂件大小应当与佩戴人相适宜。同时宽窄合适，宽与高比例与黄金分割率 1∶1.732 相适宜。男子选择厚实大气一些的，女子则选择玲珑小巧一点；同时根据佩戴人的高矮胖瘦的不同选择尺寸大小。

手镯圈口大小应与佩戴人手腕相适应，圈口尺寸一般用直径或周长衡量

（表 8-1），可利用公式来换算：周长 = π · 直径（其中 π ≈ 3.1415）。

表 8-1　手镯圈口尺寸对照表

圈口	直径（mm）	周长（cm）
小	50	15.7
	52	16.3
适中	54	17
	56	17.8
	58	18.2
大	60	18.8
	62	19.5
特大	64	20.1
	66	20.7

一般比较正常适中的手镯圈口直径在 54～60mm 之间，小圈口在 53mm 以下，60mm 以上为大圈口。在市场上人们也可以用手指进行大概测量圈口大小：手掌伸直状态下，只能将食指、中指和无名指并排塞进手镯圈口内的，称为"三指圈口"，为小圈口，一般为 54mm 以下圈口的手镯；若能将食指、中指和无名指并排塞进手镯圈口内，并且将小拇指也可以塞进一半的，称为"三指半圈口"，为中等合适圈口，一般为 54～58mm 圈口的手镯；若能将食指、中指、无名指和小手指全部并排塞进手镯圈口内的，称为"四指圈口"，为大圈口手镯，一般为 60mm 以上圈口的手镯；这是按正常衡量，但每个人手指大小会有变化，需要因人而异。

手玩件：也称为"手把件"，主要提供给人们对翡翠作品进行把玩、近距离欣赏的（图 8-85）。因此，手

图 8-85

手把件"人生如意"

玩件的要求如下。

（1）大小合适，一把抓，以手掌紧握比较舒适为宜，不宜过大或过小。

（2）饱满厚实，不要过于扁平，有一定份量，手握有厚重感。

（3）质地细腻圆润，油性足，以糯化地为佳，颜色不要过分杂乱。

（4）图案具有一定文化寓意，耐人寻味。

（5）雕刻不宜过分复杂，以浅浮雕、巧雕为主，表面留有大块平整光滑的位置，便于搓摸把玩。

摆件：主要用于室内摆放供人观赏的，有山水、瓜果、人物等（图8-86），有不同的题材和材质。主要要求如下。

图8-86　龙凤绝配心相连，连生贵子乐满天！

（1）文化寓意表达直观、简洁、易懂，画龙点睛（图8-87）。

（2）色彩鲜艳，醒目，质地细腻均匀。

（3）雕刻工艺精湛，细致；抛光精细，光亮。

（4）底座与摆件搭配相适宜。

（5）次生绿色出现会导致氧化锈色出现，质地过差的瓷地、干白地等时间长久会产生泛黄，应尽量避免（图8-88、图8-89）。

（6）雕刻不要过于复杂，方便清理打扫。

图8-87

春意盎然节节高，竹报平安样样好

图8-88

弥勒佛摆件有次生绿色，受氧化泛黄

图8-89

童子头部的次生绿色氧化泛黄

八、看价格

"黄金有价玉无价",翡翠的价格比较难用统一的价值尺度衡量质量的好坏。但"好货不便宜,便宜无好货",翡翠的价值包括以下几方面。

(1) 质量价值:颜色、质地、瑕疵、大小规格。

(2) 工艺价值:设计创意、雕刻工艺、雕刻师。

(3) 文化价值:文化寓意,文化表现特征。

(4) 个人喜好:作品打动人心,能产生共鸣和认同感,价值就能够充分体现出来。

"美丽石头会说话",石头再美丽,也不会说话,话是从欣赏者口里说出来的,翡翠玉石作品只有欣赏者看到了美丽,才会对它赞不绝口,才会使其价值体现出来。

"黄金有价玉无价",翡翠的价值比较难用统一的尺度去衡量。

还需要注意的是,在市场上"好货不便宜,便宜无好货",绝对不要抱有捡漏的心态去选购,否则吃亏上当的一定是你自己。

主要参考文献

潘兆橹，王璞，翁玲宝，1982. 系统矿物学（上册）[M]. 北京：地质出版社.

潘兆橹，王璞，翁玲宝，1984. 系统矿物学（中册）[M]. 北京：地质出版社.

潘兆橹，王璞，翁玲宝，1987. 系统矿物学（下册）[M]. 北京：地质出版社.

张培莉，2006. 系统宝石学 [M]. 2 版. 北京：地质出版社.

欧阳秋眉，1995. 翡翠全集 [M]. 香港：天地图书有限公司.

欧阳秋眉，严军，2005. 秋眉翡翠 [M]. 上海：学林出版社.

张竹邦，1993. 翡翠探秘 [M]. 昆明：云南科技出版社.

袁心强，2004. 翡翠宝石学 [M]. 武汉：中国地质大学出版社.

李贞昆，1997. 玉王翡翠 [M]. 昆明：云南科技出版社.

摩伕，2009. 翡翠级别标样集 [M]. 昆明：云南美术出版社.

戴铸明，2010 年，翡翠品种与鉴评 [M]. 昆明：云南科技出版社.

亓利剑，郑署，潭振宇，1998. 缅甸辉玉常见的种属与宝石学特征 [J]. 珠宝科技 (1)：51-56.

亓利剑，罗永安，吴舜田，1999. 缅甸"铁龙生"玉特性与归属 [J]. 宝石和宝石学杂志，1（4）：23-27.

徐军，1993. 翡翠赌石技巧与鉴赏 [M]. 昆明：云南科技出版社.

胡楚雁，陈钟惠，2002. 缅甸翡翠阶地矿床的表生还原性水 / 岩反应特征及其成因初探 [J]. 宝石和宝石学杂志，4（1）：1-5.

胡楚雁，2005. 浅谈翡翠"翠性"的表现形式 [J]. 中国宝玉石 (2):56-56.

胡楚雁，徐斌，2006. 话说翡翠的"地"[J]. 中国宝玉石 (04):82-83+85.

胡楚雁，2008."高 B"翡翠及其鉴别 [J]. 中国宝玉石 (05):102-103.

胡楚雁，2011. 话说"墨翠"：传承白玉文化发展翠玉文化的典型代表 [J]. 中

国宝玉石 (03):112-115.

胡楚雁，2012.如何正确识别翡翠的"桔皮纹"和"酸蚀纹"[J].中国宝玉石(04):144-148.

胡楚雁，2003.话说翡翠的"苍蝇翅"[J].中国宝玉石(02):41.

胡楚雁，2013.如何理解翡翠的"种"?[J] 中国宝玉石(04):158-163.

胡楚雁，2015.翡翠绿色颜色的价值评估体系建立[J].中国宝玉石(03):130-136.

胡楚雁，2015.翡翠质地的质量评估体系建立[J].中国宝玉石(04):112-117.

胡楚雁，2016.翡翠的鉴定技巧：看翠性[J].中国宝玉，1：92-98.

胡楚雁，2016.翡翠的鉴定技巧之："眼感"[J].中国宝玉石，4：96-101.

胡楚雁，2016.翡翠的鉴定技巧之："手感"与"耳感"[J].中国宝玉石，5：100-104.

胡楚雁，2017.紫罗兰翡翠分类及质量评价体系建立[J].中国宝玉石，1：76-81.

胡楚雁，2017.翡翠的变种（一）：次生油青[J].中国宝玉石，3：80-84.

胡楚雁，2017.翡翠的变种（二）：质地差的紫罗兰翡翠[J].中国宝玉石，5：90-95.

胡楚雁，2018.翡翠翡色的种类及其质量评价[J].中国宝玉石，5：128-133.

胡楚雁，2018.一种快速鉴别注胶处理翡翠的方法[J].中国宝玉石，6：102-107.

胡楚雁，2019.绿色翡翠颜色致色原因与原色分布特征的关系[J].中国宝玉石，4：72-77.

致谢

　　翡翠探索的道路，有艰辛，也有幸运。十分庆幸的是一路走来，得到了众多贵人的相助。翡翠界老前辈摩依先生、张竹邦先生、肖永福先生、马崇仁先生、施加辛先生、香港珠宝学院欧阳秋眉教授、中国地质大学袁心强教授与施光海教授、同济大学亓利剑教授及各地玉石雕刻师、翡翠商界各位友人等都给予了极大的支持与帮助；硕士研究生导师邵洁莲教授、博士研究生导师陈钟惠教授和师母颜慰萱教授在学习成长的路上给与了悉心指导和谆谆教诲。他们对事业的兢兢业业，对工作的一丝不苟，对目标的执着追求和对工作的忘我精神，都在不断地影响、鼓励和鞭策着我，也成为了我在探索翡翠奥秘道路上的巨大精神支柱。

　　本书得到了深圳职业技术学院学术著作出版基金的资助，以及传福珠宝、伊贝紫珠宝、深圳市飞博尔珠宝科技有限公司、钰和珠宝和胡博士珠宝同学会各位同学的大力相助；同时，揭阳张炳光、加龙、黄晓蓬（老蒋），瑞丽王朝阳、李振庆、严鹏，四会郑良东、廖锦文、徐志雄、陈华健、吴进房、郑国柳、郑立波、魏烈锋、张玉洪等玉雕大师，四会万兴隆珠宝城方国营和吴国彬先生等也给予了积极支持并提供了帮助，为本书使得顺利脱稿提供了保障。本书第七章部分绘图来自于网络。本书封面图片为张炳光大师的2018年天工奖金奖作品《乾坤明素》。

　　在此，一并对翡翠界各位前辈、珠宝公司各位同仁、玉雕大师以及各位亲朋好友和家人表示衷心感谢！书中尚有的不足之处，也恳请广大读者提出批评与指正！感谢有您支持，感恩一路有您！

作者于2020年9月

附录

附录 A　常见宝石种类及鉴定特征

序号	名称	折射率	相对密度	鉴定特征
1	金绿宝石	1.746、1.755	3.73	褐黄色，具三色性，猫眼效应
2	红宝石	1.762、1.770	4.00	非均质性，折射率高达 1.762、1.770，密度大为 4.00，玫瑰红色（带紫色调），平直色带，具有红区吸收线
3	合成红宝石	1.762、1.770	4.00	颜色鲜艳、均匀，有弧形生长纹和气泡
4	蓝宝石	1.762、1.770	4.00	蓝色，非均质性，折射率高；密度大，具有六边形平行色带
5	合成蓝宝石	1.762、1.770	4.00	蓝色，颜色均匀，向弧形生长纹，具有气泡包裹体
6	祖母绿	1.577、1.583	2.72	绿色，玻璃光泽，非均质性，折射率为 1.577、1.583；多色性：黄绿色深绿色，向红区吸收线
7	合成祖母绿	1.577、1.583	2.72	祖母绿色，籽晶片，向针管状包裹体，水波纹生长纹，金属片包裹体
8	海蓝宝石	1.577、1.583	2.72	浅蓝色，玻璃光泽，非均质性，折射率为 1.577、1.583
9	碧玺	1.524、1.644	3.06	颜色多样，非均质性，一轴晶，折射率为 1.524、1.644，强多色性，静电效应
10	日光石	1.537、1.547	2.64	玻璃光泽，褐红色，折射率为 1.50，非均性，具有砂金效应
11	月光石	1.518、1.526	2.61	玻璃光泽，非均质性，二轴晶，折射率为 1.518、1.526，具有晕彩效应

续表

序号	名称	折射率	相对密度	鉴定特征
12	水晶	1.544、1.553	2.65	玻璃光泽，非均质性，一轴晶，具有牛眼干涉图，折射率为 1.544、1.553
13	合成水晶	1.544、1.553	2.65	玻璃光泽，非均质性，一轴晶，具有牛眼干涉图，折射率为 1.544、1.553，籽晶片，针管状、白色棉絮状包裹体
14	黄玉	1.619、1.627	3.52	玻璃光泽，非均质性，二轴晶，折射率为 1.619、1.627，密度大
15	橄榄石	1.654、1.690	3.34	橄榄绿色（黄绿色），非均质性，折射率为 1.654、1.690，有多色性：深绿色黄绿色，睡莲叶状包裹体，明显双折射重影
16	尖晶石	1.718	3.60	均质性，折射率为 1.718，颜色多样，红色尖晶石红中泛黄色，密度大，八面体晶体包裹体
17	镁铝榴石	1.730	3.80～4.0	褐红色，均质性，折射率为 1.730，密度大，内部干净，有特征吸收谱
18	铁铝榴石	1.780	4.05	红色带紫，均质性，针状、糖浆状固态包裹体，有铁铝窗吸收谱
19	锆石	1.925、1.984	4.70	无色、黄褐色，非均质性，具有特征风琴谱，双折射重影，硬度低，刻面棱磨蚀
20	磷灰石	1.634、1.638	3.13～3.23	蓝色、蓝绿色，一轴晶负光性，强二色性
21	堇青石	1.542、1.551	2.61	蓝紫色，具三色性，二轴晶正光性
22	坦桑石	1.691、1.700	3.35	深蓝色、略带紫，多色性明显，硬度低
23	锂辉石	1.660、1.676	3.18	粉红色、紫色，针管状包体，二轴晶
24	透辉石	1.675、1.701	3.29	具有 505 吸收线，红区 Cr 吸收线，绿色
25	顽火辉石	1.663、1.673	2.25	褐红色、褐黄色，具有 505、550 吸收线
26	矽线石	1.659、1.680	3.25	褐灰色，猫眼效应明显，一组完全解理

续表

序号	名称	折射率	相对密度	鉴定特征
27	方柱石	1.550、1.564	2.74	粉红色或紫色，一轴晶负光性，黑十字干涉图可与水晶区别，具有猫眼效应
28	萤石	1.434	3.18	均质性，颜色多样，色带结构，强荧光，八面体解理
29	葡萄石	1.616、1.649	2.80～2.95	黄色、黄绿色、绿色，二轴晶正光性(U+)，玻璃—油脂光泽
30	欧泊	1.450	2.15	折射率低，密度低，变彩效应，颜色多样，包括白欧珀、黑欧珀、黄欧珀、火欧珀
31	孔雀石	1.655、1.909	3.95	孔雀绿色，同心圆状胶状结构
32	珍珠	1.530、1.685	2.60～2.85	珍珠光泽，表面叠瓦状结构，同心圆结构
33	琥珀	1.540	1.08	琥珀黄色，树脂光泽，质量轻，饱和盐水溶液中上浮，有气泡、旋涡纹，生物包体
34	珊瑚	1.468～1.658	2.65	同心圆、放射状结构，树脂光泽，白色、红色
35	象牙	1.535～1.540	2.00	树脂光泽，米黄色，断面交叉双引擎纹结构

附录 B　常见玉石种类及鉴定特征

序号	名称	折射率	相对密度	鉴定特征
1	A 货翡翠	1.660	3.32～3.34	玻璃光泽，折射率为 1.660，密度大为 3.32，有坠手感，翠性结构（"苍蝇翅""橘皮纹"、絮状物），绿色颜色有色根，有色部位相对透明，翠绿色在分光镜下红区可见 2～3 条吸收线，分布不均匀
2	B 货翡翠	1.660	3.32～3.34	玻璃光泽，光泽不强，有酸蚀纹，白色不够白，偏灰，有油感，显紫外荧光，敲击声音沉闷，结构粗
3	C 货翡翠	1.660	3.32～3.34	颜色是丝网状，有漂浮感，透光照射"见光死"，染艳绿色在分光镜下红区有吸收带
4	B+C 货翡翠	1.660	3.32～3.34	光泽不强，酸蚀纹，白色不够白，有油感，偏灰，有紫外荧光，颜色漂浮感，透射光下"见光死"，绿色在分光镜下红区显吸收带，敲击声音沉闷，染油青色、蓝水的翡翠在滤色镜下显紫红色
5	软玉（和田玉）	1.606～1.632	2.95	油脂光泽，纤维交织结构，质地细腻圆润，有"橘皮纹"
6	蛇纹石玉（岫玉）	1.560～1.570	2.57	浅黄绿色，油脂光泽，质地细腻，半透明，折射率为 1.560～1.570，相对密度小，无"橘皮纹"，硬度低，易磨损，团块状"棉絮"
7	独山玉	1.560～1.700	2.70～3.09	等粒结构，玻璃—油脂光泽，颜色多样，白色、黑色、褐色、绿色等，呈条带状分布
8	钠长石玉（水沫子）	1.528～1.540	2.60	质地细腻，等粒结构，鳞片状解理闪光，透明，质量轻，油脂—玻璃光泽，光泽不强，颜色定向分布
9	染色石英岩玉（马来玉）	1.550	2.55～2.71	玻璃光泽，糖粒状等大网状结构，颜色均匀，无"橘皮纹"，戒面平底面会出现收缩坑
10	东陵玉	1.550	2.65	玻璃光泽，糖粒状、等大网状结构，颜色均匀，绿色呈定向鳞片状分布，无"橘皮纹"

续表

序号	名称	折射率	相对密度	鉴定特征
11	玉髓	1.535～1.539	2.58～2.64	绿色或蓝色，质地细腻、均匀，无颗粒感
12	玛瑙	1.550	2.65	同心圆纹带结构，放射状、胶状结构
13	大理石玉（阿富汗玉）	1.486～1.658	2.70	颜色有白色、黄白色、褐色、浅紫色、粉红色、浅绿色等，糖粒状结构或平行条带状结构，硬度低（<3），小刀可刻划动，光泽不强，表面擦痕较多，密度轻，滴盐酸会起泡
14	水钙铝榴石（青海翠）	1.720	3.15～3.55	玻璃光泽，折射率高，密度大，有坠手感，质地细腻，显翠绿色、绿色、粒状、团块状结构，查尔斯滤色镜下显红色
15	钙铝榴石（仿黄翡）	1.730～1.760	3.57～3.76	折射率高，玻璃光泽，比较明亮，密度大，有坠手感，黄色，质地细腻，无颗粒感，表面光滑，无翠性
16	乳化玻璃	可变	可变	玻璃—油脂光泽，硬度低（5～5.5），可见擦痕，内部见气泡、漩涡状生长纹，颜色不规则斑块，表面会出现烧结的气泡圆坑，导热差，有温感，无翠性
17	孔雀石	1.564～1.909	3.95	碳酸铜矿物，葡萄状、皮壳状、放射状、土状、同心环状、胶状结构，颜色为孔雀绿、浅绿色，硬度低（3.5～4），密度大，遇盐酸有气泡
18	绿松石	1.610～1.650	2.76	天蓝色、浅蓝色、浅绿色，皮壳状、葡萄状、土状结构，硬度低，具有白色脉状斑纹和褐色铁线结构
19	青金石	1.500	2.75	深蓝色、蓝色，硬度为5～6，不透明，含金黄色团粒状金属硫化物（黄铁矿、黄铜矿）包裹体
20	鸡血石	1.560（白）3.260（红）	2.9	半透明果冻状，油脂光泽，硬度低（2～3.5），白色为地开石，血红色为辰砂
21	寿山石	1.560	2.57～2.84	果冻状，白色、青灰色、黄色、褐红色，硬度低（2～3），黄色者为田黄
22	红纹石	1.600	3.60	菱锰矿（$MnCO_3$），粉红色，硬度低（3～5），条纹结构，小刀可刻划

续表

序号	名称	折射率	相对密度	鉴定特征
23	苏纪石	1.607～1.610	2.74	硅铁锂钠石，硬度(5.5～6.5)，蓝紫色—紫红色
24	查罗石	1.550～1.559	2.68	紫硅碱钙石，紫色，丝条状结构，丝绢光泽

图书在版编目（CIP）数据

翡翠大讲堂：翡翠的鉴定、评价与选购 / 胡楚雁编著.
— 武汉：中国地质大学出版社，2020.10
（珠宝鉴定与市场交易）
ISBN 978-7-5625-4888 1

Ⅰ．①翡…
Ⅱ．①胡…
Ⅲ．①翡翠-鉴定②翡翠-评估③翡翠-选购
Ⅳ．①TS933.21

中国版本图书馆CIP数据核字(2020)第194104号

翡翠大讲堂：翡翠的鉴定、评价与选购		胡楚雁 编著
责任编辑：李应争	选题策划：张 琰 阎 娟	责任校对：徐蕾蕾

出版发行：中国地质大学出版社（武汉市洪山区鲁磨路388号）	邮政编码：430074
电话：(027)67883511　　　传真：(027)67883580	E-mail：cbb@cug.edu.cn
经销：全国新华书店　　http://cugp.cug.edu.cn	

开本：889毫米×1194毫米　1/16	字数：342千字	印张：19.75
版次：2020年10月第1版		印次：2020年10月第1次印刷
设计制作：武汉浩艺设计制作工作室		
印刷：深圳市金丽彩印刷有限公司		
监制：王大海　　手机：181 2451 5678		
ISBN：978-7-5625-4888-1		定价：198.00元

如有印装质量问题请与印刷厂联系调换